高等院校艺术设计类"十四五"规划教材

U0662721

PACKAGE DESIGN

包装设计

◆ 主 编 吴星辉

中国海洋大学出版社

·青岛·

图书在版编目（CIP）数据

包装设计 / 吴星辉主编 . — 青岛：中国海洋大学出版社，
2024.5. — ISBN 978-7-5670-3876-9

Ⅰ . TB482

中国国家版本馆 CIP 数据核字第 2024PG2724 号

出版发行	中国海洋大学出版社		
社　　址	青岛市香港东路 23 号	邮政编码	266071
出 版 人	刘文菁		
策 划 人	王　炬		
网　　址	http://pub.ouc.edu.cn		
电子信箱	tushubianjibu@126.com		
订购电话	021-51085016		
责任编辑	矫恒鹏	电　话	0532-85902349
印　　制	上海万卷印刷股份有限公司		
版　　次	2024 年 5 月第 1 版		
印　　次	2024 年 5 月第 1 次印刷		
成品尺寸	210 mm×270 mm		
印　　张	7.5		
字　　数	136 千		
印　　数	1 ～ 3000		
定　　价	59.00 元		

发现印装质量问题，请致电 021-51085016，由印刷厂负责调换。

前　言

　　包装，最早可以追溯到原始社会。在远古时期，人类利用大自然赐予的植物茎叶或动物的皮、角等天然材料来储存、捆扎物品，这便是原始形态的包装。随着社会和经济的发展，人类的生活活动逐渐丰富而复杂。为满足收集、分类、分配、储存和交换物品的需要，人们积极寻找更多的包装材料，因此包装设计水平也随之提高。除了基本的包装形态外，一些具有传统特色的包装形式也逐渐出现，这些包装不仅唤起了人们对简约、自然风格的追求，也体现了对自然美、生态美、健康美理念的崇尚。同时，包装设计也是一门综合性的学科，涉及美学、逻辑学、物理、化学、生理学等相关学科理论知识。

　　本书结合现代社会发展以及设计前沿动态，遵循培养创新型艺术设计人才的规律，致力于让"有文化、懂创意、会制作"的理念真正地在现代艺术设计教学中得以贯彻。同时，为了深化教学改革，优化课程结构，内容编写力求翔实、生动、实用，以提高从业者的专业技能和专业素养。

　　全书共六章。第一章对包装设计进行了概述，目的是让学生掌握包装的一些基础知识，构建较为系统的包装知识体系。第二章阐述了包装设计的原则，在掌握基本知识的基础上，运用大量的实际案例深入浅出地解答设计中的原则，以提高学生分析、判断、解决问题的能力。第三章阐述了包装设计的视觉性，通过具体分析美学元素在包装设计中的体现，使学生掌握元素设计的一般规律，为今后的学习奠定扎实的理论和实践基础。第四章介绍了包装设计的材料与结构。第五章通过对包装设计实践案例的分析，切实解答在实践环节中容易出现的各类问题。第六章是经典作品欣赏。

　　本书案例丰富、文字精练、实践性强，力求实现"易学、易懂、易用"的教、学、研一体化目标。

　　限于编者的能力，书中不足之处在所难免，恳请读者批评指正。

编者

2024 年 1 月

目　录

第一章　包装设计概述

学习目标

通过学习包装设计的概念、起源、发展、价值、意义及包装设计与社会经济的关系，掌握包装设计的历史发展和功能、材料和结构，为进一步学习包装设计知识打下扎实的理论基础。

知识目标

1.掌握包装的定义。

2.掌握包装的功能。

3.掌握包装的发展历史。

能力目标

1.掌握包装的分类。

2.掌握包装的材料应用。

3.运用视觉要素进行表现。

课前欣赏

学习包装设计知识之前，通过对一些经典案例进行欣赏、分析，有助于更加系统、深入地学习（图1-0-1至图1-0-4）。

图1-0-1　罐子包装设计　　　　　　　　图1-0-2　茶叶包装设计

图1-0-3　礼盒包装设计

图1-0-4　挂面包装设计

第一节　包装的基本知识

一、包装的定义

包装是品牌理念、产品特征和消费心理的综合反映，它直接影响消费者的购买欲。从字面上看，"包装"一词是并列结构，"包"即包裹，"装"即装饰，意思是把物品包裹、装饰起来。从设计角度上讲，"包"是用一定的材料把东西裹起来，其根本目的是使东西不易受损，方便运输，这是实用科学的范畴，属于物质的概念；"装"指事物的修饰点缀，即把包裹好的东西用不同的手法进行美化装饰，使包裹的外表看上去更漂亮，这是美学范畴，属于文化的概念。

包装，在《包装术语 第1部分：基础》（GB/T 4122.1—2008）中是这样定义的："为在流通过程中保护产品，方便储运，促进销售，按一定技术方法而采用的容器、材料及辅助物等的总体名称。也指为了达到上述目的而采用容器、材料和辅助物的过程中施加一定方法等的操作活动。"

包装作为实现产品价值和使用价值的手段，在生产、流通、销售和消费领域中发挥着极其重要的作用，是企业界、设计界不得不关注的重要课题。包装设计不是单纯的画面装饰，关键是能准确地传达产品信息并具有良好的保护性能，同时，又能传达出一定的视觉美感。

二、包装的功能

包装能起到容器功能，还具有保护功能、信息传达功能、促进增值功能。此外，还具有其他功能，如提高企业形象、拓展产品品种。

第二节　包装的发展历史

一、古代包装

包装最早可追溯到原始社会。远古时代的人类利用大自然赐予的植物茎叶或动物的皮、角等天然材料来储存、捆扎物品，这便是原始形态的包装。

为了满足生活的需要，在生存本能的驱使下，原始人类会挑选一些植物的果壳或较大的叶片，来盛放和包裹捕猎或吃剩的动物以及采集的野果。为了携带方便，他们还会采集一些柔软的植物枝条、藤、葛，或将动物的皮、毛扭结成绳，对物品进行捆扎。在原始人类开始创造性劳动之后，他们会模仿某些果壳的形状，用植物枝条编织成类似盘、筐、篮等盛装物品的容器，这便是包装设计的萌芽。包装的发展与人类劳动生产力的发展和人类文明的进步密不可分。智慧的人类通过简单地加工自然材料，改变原材料本身的状态和属性，发现并创造了包装的许多新特性。

经过原始社会后期以及奴隶社会、封建社会漫长的发展过程，包装也经历日新月异的变化，人类学会用很多种材料来包装用具。比如，用植物荆条编织成篮子、背篓，用动物天然毛发纤维编织成麻袋或织物。渐渐地，陶器、青铜器、漆器相继出现，随着造纸术的发明，包装水平也得到了明显的提高。

（1）陶器

人类较早就掌握了烧制陶器的初步技术，我国是古代陶器的主要产地之一。

（2）青铜器

公元前4000年至公元前1000年，人类逐步掌握了金属冶炼技术，青铜器等金属材料也逐渐被广泛应用于产品包装中。

（3）天然植物材料包装

竹、木都是用途十分广泛的包装材料，它们不仅用于包装普通货物，而且用于运送高档物品。

（4）漆器

用漆涂在各种器物的表面所制成的日常器具及工艺品、美术品，一般称为漆器。漆器起源于中国，商周时期，漆器从礼器走向日用品。

（5）织物

用丝织品和刺绣品制作而成的锦匣、锻盒等，在我国古代便已广泛使用，有些包装袋就是直接用丝织品或刺绣品缝制而成的。

古代包装造型设计已具有较高的美学欣赏价值，对称、均衡、对比、变化等形式都已经出现，并运用了镂空、镶嵌、堆雕、染色、涂漆等装饰工艺，制作出极具中国古代时期文化特点、中国民族色彩风格的包装。这些包装不仅有使用、容纳、保护产品的价值，更具有观赏审美和收藏价值（图1-2-1至图1-2-8）。

由于生产力的发展，剩余产品越来越多，交易活动发展起来，由近及远，逐步扩大。各种产品不仅需要就近盛装、就近转移，还需要进行包装捆扎送往远方的集市，尤其是那些容易受损变质的产品，更需要保护功能良好的包装以保证远距离运输和交易的顺利进行。人类在包装材料、包装技术和造型方面都进行了发明和创新，开始使用透气、透明、避光、防潮、防腐、防虫、密封、防震等便于携带和搬运的包装方式。

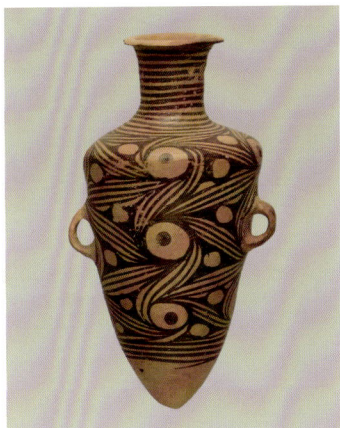

图1-2-1　旋纹尖底彩陶瓶

图1-2-2　三角纹彩陶罐

图1-2-3　凤鸟纹爵

图1-2-4　剔红云龙纹圆盒

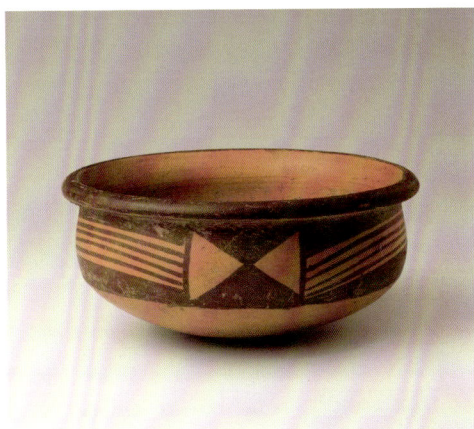

图1-2-5　斜线三角纹陶器

图1-2-6　提梁卣

图1-2-7　人面鱼纹尖底陶器

图1-2-8　竹编器皿

　　我国传统包装在材料、装饰、技艺等方面持续发展。随着生产力、科技、工艺、文化及时尚潮流的变化，不同的时期产生了不同的包装风格。

　　我国现存最早并且最完整的印刷包装是宋代（960—1279年）济南刘家功夫针铺的包装。包装纸的上方刻有"济南刘家功夫针铺"字样，中上部位有一个白兔的图案，两边刻有"认门前白兔儿为记"的文字（图1-2-9、图1-2-10）。

图1-2-9　"济南刘家功夫针铺"包装纸

图1-2-10　"济南刘家功夫针铺"广告青铜版

二、近代包装

近代包装阶段指16世纪末到19世纪，我国处在封建社会的后期，而西欧、北美国家先后从封建社会向资本主义社会过渡，社会生产力和经济都得到了较快发展。科学技术的发展使国家间的生产、流通和消费都直接或间接发生着联系，各国内外贸易所交换的大量原料和产品，都要经过很好的包装才能顺利储运和销售。包装材料也有了明显的改变，材料的成本得以降低。当时，人们发明了用马粪纸及纸板制作容器的工艺，也发明了用玻璃瓶、金属罐保存食品的方法，促进了食品罐头工业等的兴起。当时欧洲已普遍使用锥形软木塞密封包装瓶口。如17世纪60年代，香槟酒问世时就是用绳系瓶颈和软木塞封口，随后又发明了加软木垫的螺纹盖，并在此基础上创造出冲压密封的王冠盖，使密封技术更进一步。那时，西欧国家开始在酒瓶上贴挂标签。早期，挂标签为"打上烙印"，被人们用于标记家禽，或是在自己制作的手工艺品上打上标记，以方便客户辨别产品来源。

三、现代包装

"二战"后，大规模生产的机械化、自动化、标准化与生活现代化，使产品竞争日益激烈，也将工业产品和包装设计引入竞争机制。特别是超级市场的拓展和普及，包装角色由原来的一般性的保护产品、方便储运、美化产品功能，跃升为依靠包装设计推销产品的重要地位，从而标志着现代包装的形成。同时，由于包装整体设计和包装设计定位理论的形成，迫使现代包装的设计、生产、管理必须纳入系统工程的轨道。

1980年之前，我国包装行业尚未形成体系，无论是机械设备、原辅材料，还是加工工艺、设计制造，整体水平都较为低下，技术力量严重不足，人才奇缺，导致包装工业相当落后。然而，随着20世纪80年代，我国改革开放政策的实施，出口产品的品种、数量快速增长，销售地区也迅速扩张。为适应现代化国际市场要求，我国开始频繁举办国内外包装学术交流和大型的包装设计展会。

据有关数据统计，1980年我国包装工业产值仅为72亿元，占社会总产值的0.8%；到2005年包装工业产值为3200亿元，包装行业在我国国民经济的42个主要行业中，经济总量排序已从20世纪80年代初的倒数第2位，跃升到了第14位；《2022年度中国包装行业运行情况报告》显示，2022年我国包装行业规模以上企业累计完成营业收入12 293.34亿元。

改革开放40多年，是我国包装行业飞速发展的40多年，我国包装行业取得了辉煌的成就，成为世界包装大国。

我国包装行业经历了高速发展阶段，现在已经形成了相当大的生产规模，成为我国制造领域里重要的组成部分。尽管我国包装行业整体发展态势良好，并已成为仅次于美国的全球第二大包装大国，但人均包装消费水平与全球主要国家及地区相比仍然存在较大差距，包装行业各细分领域未来还将具有广阔的市场发展空间。

1.现代包装设计要具有审美性特点

人们的审美意识是随着时代发展而变化的，不同时代的人们，由于所处的时代背景不同，有着不同的审美情趣。在当今市场经济条件下，现代包装设计对产品经济的发展具有十分重要的意义，包装设计具有美化产品的作用，给人以美的视觉享受，包装设计只有有了美的外观，才能给人视觉冲击力并促使人们去消费。"爱美之心，人皆有之"，每个人都对美有所追求，因此，当人们看到美的事物时，就会特别关注。包装设计就是运用这一理念来抓住人们的心理。所谓造型精美的包装设计，其重点在于突出包装的形态与材质美、对比与协调美、节奏与韵律美，力求达到结构功能齐全、外形精美，从而适应生产、销售乃至使用的需求。

2.现代包装设计要具有一定的功能性

现代包装设计应具有一定的功能性，要适应产品的储藏、运输、展销和随身携带等。确保产品和人们使用的安全是包装设计最根本的出发点。在设计产品包装时，应当根据产品的属性考虑产品使用方面的安全保护措施，不同的产品可能需要不同的包装材料。目前，可供选用的材料十分广泛，如金属、玻璃、陶瓷、塑料、卡纸。在选择包装材料时，既要保证材料的抗震、抗压、抗拉、抗挤、抗磨性能，又要注意产品的防晒、防潮、防腐、防漏、防燃等问题，确保产品在任何情况下都完好无损。

3.现代包装设计要具有多样性的特点

现代包装设计形态万千，造型各异。当我们走进超市时，产品琳琅满目，各类产品包装都各不相同，包装设计的形式足以让我们眼花缭乱。现代社会是一个飞速发展的社会，人们对包装设计的形式要求日益提高，包装设计是根据产品的特性，进行合理的、目的性的巧妙设计，如袋、盒、瓶、罐、套的样式。包装设计的多样性是在人们追求包装的便携式及现代包装所要求的美感基础上而产生的。超市为了方便顾客选购，所采用的吊挂式、便携式、堆叠式、并列式、系统化等陈列方式也让包装设计体现出了产品的自身价值。

一些常见的现代包装设计如图1-2-11至图1-2-17所示。

图1-2-11 香水包装设计

图1-2-12 可口可乐包装设计

图1-2-13　食品包装设计

图1-2-14　酒类包装设计1

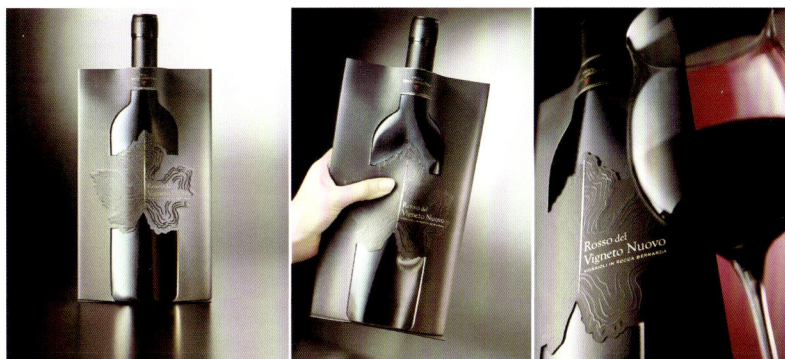

图1-2-15　酒类包装设计2

图1-2-16　食品礼盒包装设计

图1-2-17 自熟鸡蛋包装设计

第三节 包装的分类及要素

包装设计作为一门边缘学科，自产生之日起就具有多门类构成的综合性质。随着时间的推移，各种新工艺、新材料、新观念、新产品及新市场不断出现，包装的综合性愈加明显，其构成成分更趋复杂且多元，种类繁多，形态各异，各种产品对包装有不同的要求。

一、包装的分类

为了便于区分产品与设计，我们对包装进行如下分类。

1.按经营方式分

包装按经营方式可分为内销产品包装、出口产品包装等。

2.按产品种类分

包装按产品种类可分为食品包装、烟酒包装、医药包装、文化用品包装、化妆品包装、玩具包装、五金制品包装、家电包装、日用品包装等。

3.按制品材料分

包装按制品材料可分为纸制品包装、塑料制品包装、金属包装、竹木器包装、玻璃容器包装和复合材料包装等。

4.按使用次数分

包装按使用次数可分为一次用包装、多次用包装和周转包装等。

5.按软硬程度分

包装按软硬程度可分为硬包装、半硬包装和软包装等。

6.按功能分

包装按功能可以分为内包装、中层包装和外包装。内包装指盛装产品的直接容器，如盛牙膏的软管、盛药品的玻璃瓶；中层包装指用于保护产品和促进销售的直接容器，即内包装外面的包装，如牙膏软管外面的纸盒；外包装又称储运包装，指便于储存和搬运的包装，如装运牙膏的纸板箱。

7.按风格和表现分

包装按风格和表现可分为卡通包装、传统包装、怀旧包装、现代包装、简约包装、绿色包装等。

8.按包装体量分

包装按体量可分为小包装、中包装、大包装等。

二、包装的构成要素

优秀的包装设计不仅应实用且品质精美，更应能吸引消费者并具有说服力。此外，还能将产品的内容和相关信息准确地传达给消费者，从而激发消费者的购买欲，促进产品的销售。

包装的构成要素包含很多，可以归纳为以下两方面。

1.立体构成要素

立体构成要素指包装的主体、造型设计，主要包括包装容器设计、包装结构设计及包装材料的选择。应运用适当的包装材料，利用正确的加工方法进行合乎情理的、具有人性化的包装容器和包装结构设计。

2.平面构成要素

平面构成要素指包装的视觉信息设计，主要包括文字设计、色彩设计、图形设计。附有产品的名称、商标、重量、厂名、生产日期、说明文字、保质期、使用方法、批号、条形码、产品形象的插图或产品相关的图形等。一些警示语、强制性的规定也应在包装上显现。

思考与练习

1.分析比较各个历史时期的包装设计。

2.对生活中的实际包装案例进行分析，并阐述与之相关的包装设计知识，如品种、材料、体量。

3.设计1～2组具有地域特色的包装设计作品，注重色彩、文字、图形等要素之间的协调关系。

第二章　包装设计基本原则

学习目标

通过了解和学习包装设计的原则，掌握包装设计的文化性和艺术性，提高包装设计中的艺术审美价值，为进一步学习包装设计知识奠定扎实的理论基础。

知识目标

1.掌握包装设计的科学性。

2.掌握包装设计的商业性。

3.掌握包装设计的便利性。

能力目标

1.掌握包装设计的文化性。

2.掌握包装设计的艺术性。

3.运用包装设计原则及综合原理进行表现。

课前欣赏

在学习包装设计原则之前，通过对一些经典案例进行欣赏、分析，有助于更加系统、深入地掌握包装设计基本原则（图2-0-1至图2-0-13）。

图2-0-1　熏鲑鱼包装设计

图2-0-2　巧克力包装设计

图2-0-3　糖果包装设计

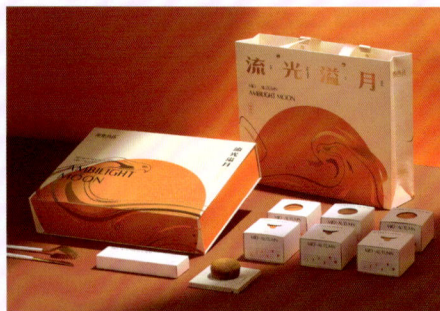

图2-0-4　月饼包装设计

图2-0-5　水果蔬菜包装设计

图2-0-6　面条包装设计

图2-0-7　酒类包装设计1

图2-0-8　酒类包装设计2

图2-0-9　面包包装设计

图2-0-10　礼物包装设计

图2-0-11　茶叶包装设计

图2-0-12　喜糖包装设计

图2-0-13　护肤品包装设计

第一节　科学性

　　包装设计是一项系统工程，因此不管是在包装材料的选择上，还是包装形态、包装结构的设计上都必须考虑各个环节的科学性，做到既能保护产品，又能顺利、完整、有效地配合运输、储存、装卸、流通、销售等，使消费者能方便快捷地使用、携带产品，尤其是在包装材料的选择上，应关注其对环境的影响和包装的回收再利用。

　　包装最基本、最重要的功能是保护产品的安全，在产品流通过程中避免各种外来的损害与影响，使产品完好、安全地到达购买者手中。包装设计应该根据不同产品的形态、特征、运输与销售环境等因素，以最适当的材料、最合理的包装容器和技术，赋予包装最佳的保护功能，使其内装产品安全完好。

　　包装设计的科学性主要包含四个方面的内容：第一，涉及一些新的材料、技术等，如何运用独到的包装设计方法，将其展现在人们面前，并被人们所接受，这就要求在包装设计时能对产品的功能特性加以充分体现；第二，包装设计的科学性体现在其能保证物品的储存方法和功能上；第三，科学的包装设计应能为使用者带来便利性和实用性；第四，包装受到内装产品的制约，所以产品的包装设计自身必须具备科学性（图2-1-1至图2-1-3）。

图2-1-1　化妆品包装设计

图2-1-2　宠物食品包装设计

图2-1-3　个性化饮料包装设计

第二节　商业性

　　现代包装设计是多种属性的统一体，尤其是销售包装，它的艺术性隶属于商业性，两者紧密结合才是一件完美的包装设计作品。设计师除了应具备较全面的造型技术和设计表现力外，还必须具有一定的经济学、市场学、产品流通学和消费学等知识。包装的色彩、文字、图形、造型及产品的造型设计、制造技术和印刷工艺都可以提升包装设计的商业性能。设计定位的准确与否直接影响产品的销售量，产品越是畅销，说明其产品性越强。设计师也应该了解并熟悉产品制造技术、包装印刷工艺及印刷材料，在设计中尽量降低包装成本，提高产品竞争力，使企业获得更多的经济效益。

　　准确地把握产品的属性，并能迅速地传达，使消费者在很短的时间内获得全面、准确的产品信息，是产品包装设计成功的关键。要达到准确传达的目的，必须要有准确的定位，要认真仔细地进行市场调查；要考虑产品是卖给"WHO"（即消费群体是谁），是哪一种特定的人群；要充分考虑产品卖到"WHERE"（即销售地区）；还必须了解产品以什么方式（WHAT）销售。只有准确地把握好这些因素，做出正确的判断和定位，并以简洁、准确、形象的视觉化语言来传达，才能获得最佳的视觉效果，达到促进销售的目的（图2-2-1至图2-2-3）。

图2-2-1　食品包装设计

图2-2-2　酒类包装设计

图2-2-3　月饼包装设计

第三节　便利性

产品包装给现代人的生活带来了许多便利，同时也对人们提高工作效率和生活质量起着重要的作用。包装设计应根据包装的物理、化学特性和使用特点，考虑采用方便合理的造型结构，力求科学地获得生产、储运、销售、使用和回收上的便利性（图2-3-1至图2-3-6）。

包装的便利性原则包括以下几个方面。

1.便利生产

对于大批量生产的产品，包装要适应企业生产机械化、专业化、自动化的需要，兼顾节约资源和生产成本，尽可能地提高经济效益。

2.便利储运

应充分考虑每件包装容器的质量、体积，以确保其适应各种运输工具的装卸，便于堆码和人工装卸。货物重量一般不超过工人体重的40%。还要考虑流通过程中的仓库、商店、住宅的仓储、堆码方式及货架的陈列效果、消费过程中的室内摆设和保管等。

3.便利销售

例如，适合堆叠、吊挂等陈列方式的包装设计，为产品在销售过程中带来了许多的便利。

4.便利使用

合理的包装，尤其是新材料、新工艺、新技术的使用，给消费者在开启、使用、保管、收藏时带来许多方便。在包装设计中，应更多地考虑人的因素，给予更多的便利。

5.便利回收

在材料的选用上，包装应该考虑其在使用后的处理问题。还应注意部分包装具有重复使用的功能，关注包装（纸包装、木包装、金属包装等）的回收和再利用，选择便于降解的材料，这样既有利于环境保护和节省资源，也有利于社会的可持续发展。

图2-3-1　饮料包装设计

图2-3-2　月饼包装设计

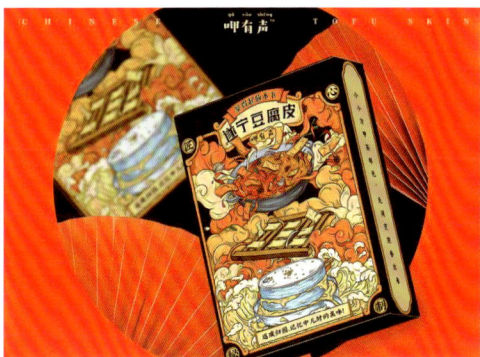

图2-3-3　食品包装设计

图2-3-4　电子元件包装设计

图2-3-5　矿泉水包装设计

图2-3-6　辣椒包装设计

第四节　文化性

　　现代包装设计是一门以文化为本位，以生活为基础，以现代需要为导向的设计学科。包装设计活动是一种现象，它不仅是物质功能的创造，更是精神文化的综合体。包装设计具有丰富的文化内涵，它能充分体现民族精神、传统文化、地方特色和风土人情，也能反映出产品生产企业的历史与文化。文化性是企业巨大的无形资产和财富，将企业文化之精髓融入包装的视觉设计中是企业营销战略中的制胜法宝。

　　设计与文化之间有着不可分割的联系。设计将人类的精神意志体现在创造中，并通过这些创造物来影响人们的物质生活方式，而生活方式就是文化的载体，所以说设计在为人类创造新的物质生活方式的同时，实际上也创造了一种新的文化。鉴于文化的延续性，设计需要从文化传统中寻找创造的依据。现代文化有其新的主题及内涵、新的构成与延伸，需要新的基础与载体。包装设计能反映地域文化、传统文化、商业文化及民风民俗等多元文化要素（图2-4-1至图2-4-6）。

图2-4-1　月饼包装设计

图2-4-2　食品包装设计1

图2-4-3　海鲜包装设计

图2-4-4　食品包装设计2

图2-4-5 酒类包装设计

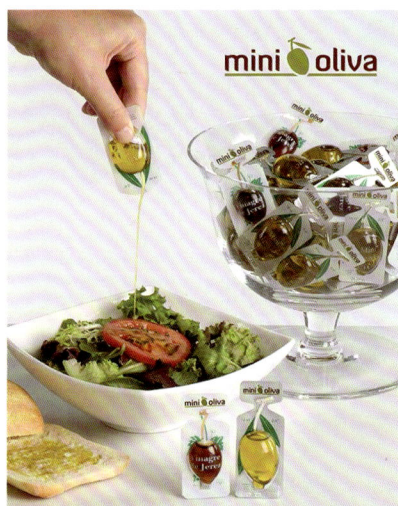

图2-4-6 橄榄油包装设计

第五节 艺术性

　　包装设计具有很强的艺术美感，这些美感是在设计过程中运用形式美的法则所产生的，它们包含材质、肌理以及新技术、新工艺带来的现代技术美感。在包装设计中，设计师们有时会直接借鉴其他艺术门类的表现形式，如摄影、水彩画、国画、书法、篆刻，这些表现形式具有很强的艺术感染力。有些成功的包装设计作品，从中国传统艺术中吸取精华并科学合理地与现代设计原理有机结合，具有超凡脱俗的艺术境界；有些则从中国民间艺术中汲取养分，如剪纸、民间木版年画。它们是中国劳动人民智慧的结晶，具有很强的艺术个性，将它们巧妙地运用到包装设计中，同样能产生独特、质朴的艺术美感。总之，一件具有艺术美感的包装，不仅能传达产品信息，还能在潜移默化中对消费者进行艺术熏陶（图2-5-1至图2-5-8）。

图2-5-2 书法作品包装设计

图2-5-3 酒类包装设计

图2-5-4 笔墨砚印系列包装设计

图2-5-5 茶叶包装设计

图2-5-6 印度SPRIG焦糖包装设计

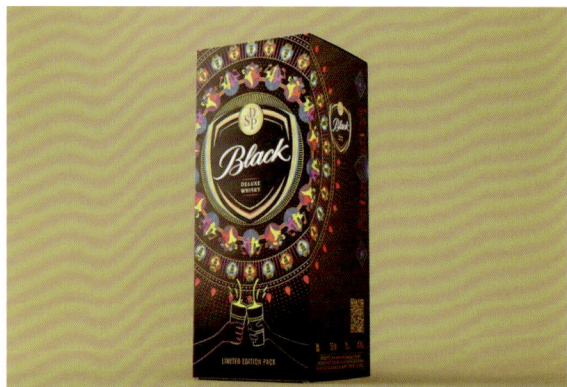

图2-5-7 印度威士忌包装设计

第六节 环保性

经济的发展和包装业的繁荣，导致废弃物与日俱增。其中，一些废弃材料难以回收和处理，对环境造成了污染，尤其是塑料包装废弃物，成了"白色污染"的主要来源，严重影响了社会的可持续发展。这一严峻现实向世人敲响警钟，包装废弃物的回收再利用已迫在眉睫。为了推动社会的可持续性发展，绿色包装的浪潮正在全球兴起。

绿色包装是指对生态环境不造成污染、对人体健康不造成危害，能循环和再生利用、能促进可持续发展的包装产品。它以不污染环境、保护人体健康为前提，以充分利用再生资源、节约自然资源与降低能源消耗为发展方向，既取之于自然，又能回归自然。也就是说，它所用的材料来自自然，通过清洁生产工艺加工成绿色包装产品；在使用后，这些材料又可以被回收处理、回归自然或循环再利用，因此绿色包装包含了环境保护和资源再利用两方面内容（图2-6-1至图2-6-11）。

图2-6-1 食物包装设计

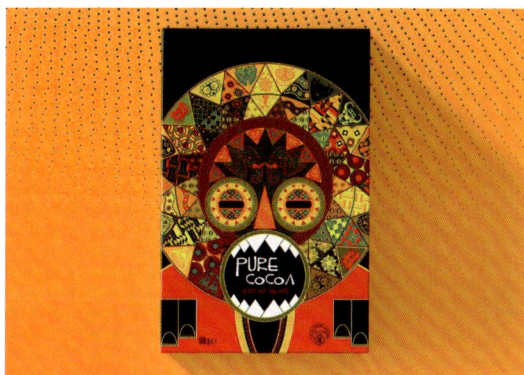

图2-6-2 咖啡豆包装设计

图2-6-3 宠物拾便袋包装设计

图2-6-4 极简包装设计

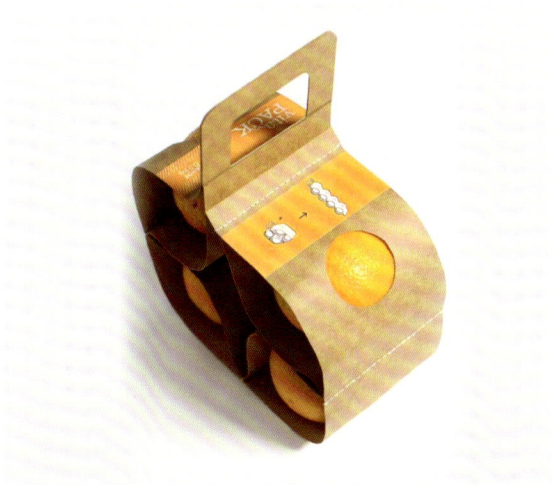

图2-6-5 橘子包装设计

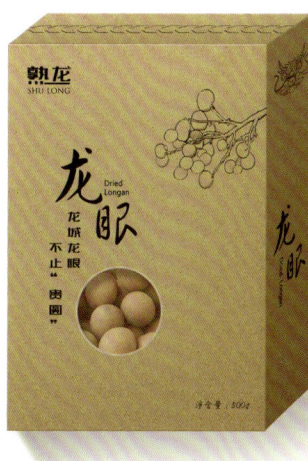

图2-6-6 龙眼包装设计

图2-6-7　水果包装设计

图2-6-8　创意类包装设计

图2-6-9　画笔包装设计

图2-6-10　环保酒类包装设计

图2-6-11　环保包装设计

思考与练习

1.对包装设计的科学性、商业性及便利性进行比较学习，分析它们各自的特点。

2.对包装设计的文化性、艺术性及环保性进行比较学习，分析它们各自的特点。

3.设计2～3组具有民俗特色的包装设计作品，体现科学性、艺术性、环保性等设计原则的和谐统一。

第三章 包装设计的视觉性

学习目标

通过了解包装设计的视觉性，掌握包装设计的色彩、文字、图形等要素，有助于提高包装设计的艺术审美价值，为进一步学习包装设计知识奠定扎实的理论基础。

知识目标

1.掌握包装设计的色彩表现。

2.掌握包装设计的文字表现。

3.掌握包装设计的图形表现。

能力目标

1.掌握包装设计的图形表现。

2.掌握包装设计的文字与版式表现。

课前欣赏

在学习包装设计视觉性知识之前，通过欣赏和分析一些经典案例，有助于更加系统、深入地掌握包装设计的视觉性知识内容（图3-0-1至图3-0-9）。

图3-0-1 酒类包装设计1

图3-0-2 食品包装设计

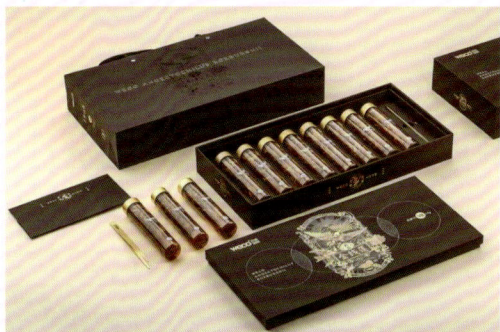

图3-0-3　云谷金线莲包装设计

图3-0-4　灵芝包装设计

图3-0-5　酒类包装设计2

图3-0-6　茶饮料包装设计

图3-0-7　蜂蜜包装设计

图3-0-8　比萨包装设计

图3-0-9　鞋子包装设计

第一节　色彩设计表现

生物学家尼古拉斯·亨弗莱认为，看见色彩的能力在进化过程中满足了人类作为一种生物的生存需求。同样，色彩令包装设计彰显特色。色彩系统建立在透射光和反射光两种现象上。透射光使人感知亮度，可以创造出某种颜色的明度。反射光是入射光射到物体表面时物体反射出来的光，物体本身不会发光，但其表面会吸收光线并反射出光线。在大脑识别出形状、符号、文字或者是其他视觉元素之前，人眼最先感知到的应该是颜色。

一、色彩的语言

色彩具有象征性和感情特征，它在包装视觉设计中承担两重任务：一是传达产品的特性；二是引起消费者的情感共鸣。所以，我们一定要了解不同色彩所代表的视觉语言。

1.红色

红色代表着热情、活泼、热闹、温暖、幸福、吉祥、革命、危险。

红色更多被用来传达有活力、积极、热诚、温暖、前进等含义的企业形象与精神。另外，它也常用来作为警告、危险、禁止、防火等标识用色。人们在一些场合或物品上，看到红色标识时，常不必仔细看内容，即能了解警告危险之意。在工业安全用色中，红色是警告、危险、禁止、防火的指定色（图3-1-1至图3-1-6）。

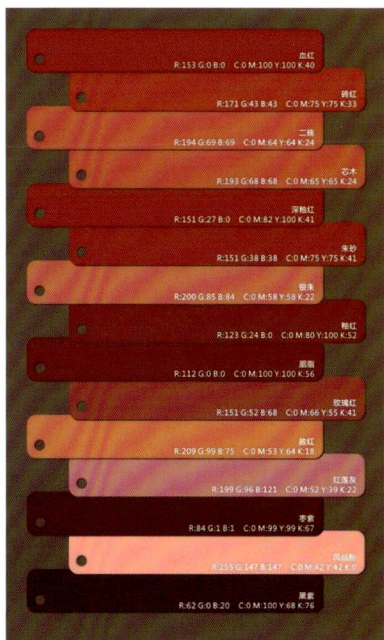

图3-1-1　红色色卡

图3-1-2　礼盒包装设计1

图3-1-3 礼盒包装设计2

图3-1-4 可口可乐包装设计

图3-1-5 相关消防标识

图3-1-6 消防栓

2.橙色

橙色代表着光明、华丽、兴奋、甜蜜、快乐。

橙色明视度高，在工业安全用色中，橙色是警戒色，如登山服装、背包、救生衣。由于橙色非常明亮刺眼，有时会使人产生负面的情绪，这种状况尤其容易发生在服饰的运用上，所以在运用橙色时，要注意选择与之搭配的色彩和表现方式，这样才能把橙色明亮活泼的特性发挥出来（图3-1-7至图3-1-10）。

图3-1-7　橙色色卡

图3-1-8　冰激凌包装设计

图3-1-9　饮料包装设计

图3-1-10　橙子包装设计

3.黄色

黄色代表着明朗、愉快、高贵、希望、发展、注意。

黄色是光感最强，最有扩张力，明度最高的颜色，在高明度下能保持很强的纯度。在黑色、紫色、深蓝色等低明度色的衬托下，黄色最为醒目。黄色明视度高，在工业安全用色中，黄色是警告危险色，常用来警告危险或提醒注意，如交通信号灯的黄灯，工程用的大型机器，学生用的雨衣、雨鞋，都使用黄色。另外，黄色象征高贵和权威。

目前，在现代化包装设计中，黄色非常流行并得到了广泛应用。原因在于它能让产品脱颖而出并引起客户的兴趣，使客户产生较大的购买欲望（图3-1-11至图3-1-14）。

图3-1-11　黄色色卡

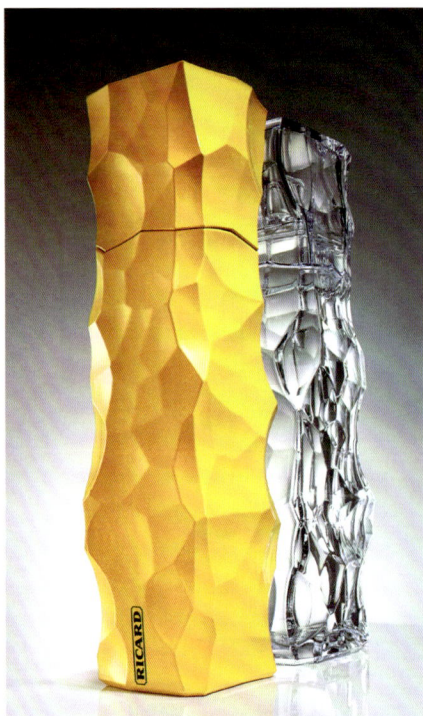

图3-1-12　黄色包装设计

图3-1-13　酒类包装设计1

图3-1-14　茶叶包装设计1

4.紫色

紫色代表着优雅、高贵、魅力、自傲、轻率。

紫色包装设计通常具有独特、创新和艺术性的特点（图3-1-15至图3-1-18）。此外，紫色具有强烈的女性化特质，因此在商业设计用色中具有一定的局限性，主要出现在和女性有关的产品或企业形象中，而在其他领域较少作为主色调使用。

图3-1-15　紫色色卡

图3-1-16　月饼包装设计

图3-1-17　食品包装设计

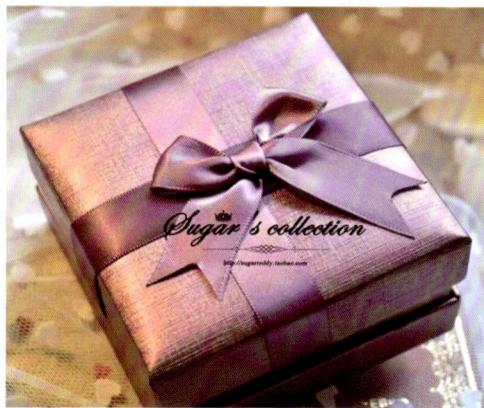

图3-1-18　礼物盒包装设计

5.白色

白色代表着纯洁、纯真、朴素、神圣、明快、柔弱、虚无。

在现代包装设计中，纯白色会给人寒冷、严峻的感觉，所以在使用白色时，都会掺一些其他的色彩，如象牙白、米白、乳白、苹果白。在生活用品和服饰用色上，白色是一种经典的主打色，可以和任何颜色搭配（图3-1-19至图3-1-23）。

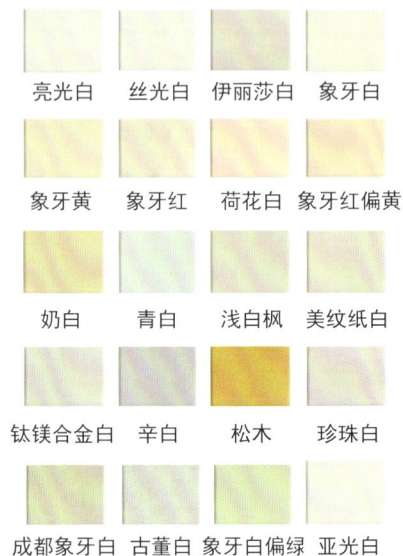

亮光白	丝光白	伊丽莎白	象牙白
象牙黄	象牙红	荷花白	象牙红偏黄
奶白	青白	浅白枫	美纹纸白
钛镁合金白	辛白	松木	珍珠白
成都象牙白	古董白	象牙白偏绿	亚光白

图3-1-19　白色色卡

图3-1-20　酒类包装设计2

图3-1-21　酒类包装设计3

图3-1-22　化妆品包装设计

图3-1-23　茉莉花茶包装设计

6.绿色

绿色代表着新鲜、平静、安逸、和平、柔和、青春、安全、理想。

在现代包装设计中，通常将绿色与自然元素、简约风格、环保材质等设计元素相结合，营造出一种自然、健康、环保的视觉效果（图3-1-24至图3-1-27）。

图3-1-24 绿色色卡

图3-1-25 酸奶包装设计

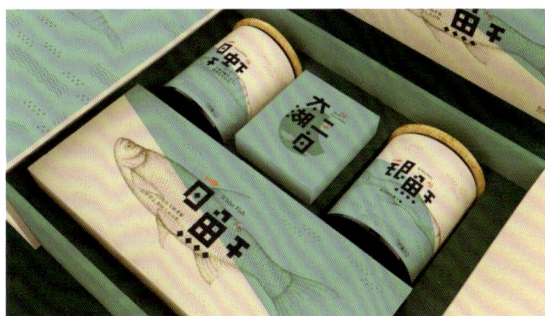

图3-1-26 银鱼干包装设计

图3-1-27 口香糖包装设计

7.灰色

灰色代表着谦虚、平凡、沉默、中庸、寂寞、忧郁、消极。

在现代包装设计中，灰色具有柔和、高雅的意象，而且属于中性色系，男女皆能接受，因此成为流行的主要颜色之一。使用灰色时，大多利用不同的层次变化组合或搭配其他色彩，这样才不会过于朴素、沉闷，单纯地使用灰色会有呆板、僵硬的感觉（图3-1-28至图3-1-31）。

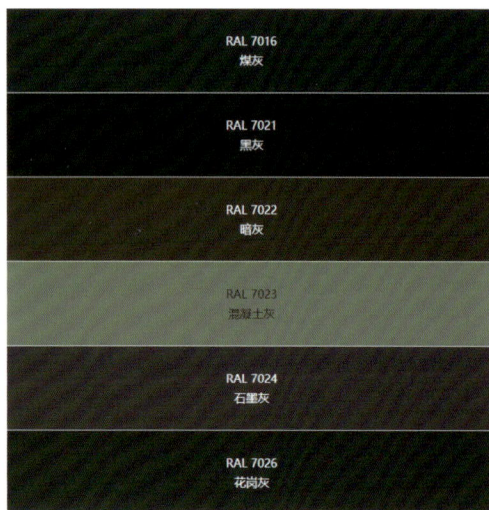

图3-1-28　灰色色卡

图3-1-29　护肤品包装设计

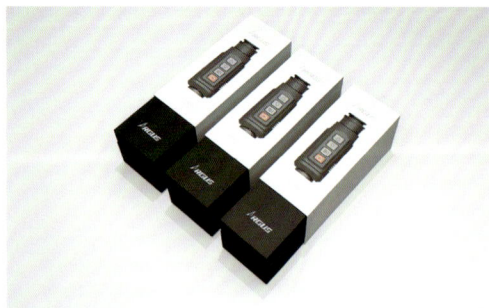

图3-1-30　电子望远镜包装设计

图3-1-31　酒类包装设计4

8.蓝色

蓝色代表着永恒、沉静、理智、诚实、寒冷。

蓝色有沉稳的特性，具有理智、准确的象征意义。强调天然、环保、科技、效率时，大多选用蓝色，如食品、化妆品、电子产品领域的包装设计。另外，蓝色也代表着忧郁，这个含义也运用在文学作品或感性诉求的商业包装设计中（图3-1-32至图3-1-35）。

图3-1-32　蓝色色卡

图3-1-33　酒类包装设计5

图3-1-34　礼盒包装设计

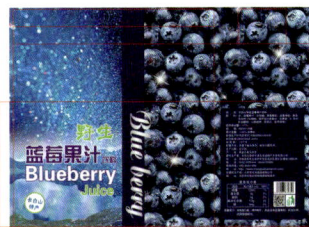

图3-1-35　蓝莓果汁包装设计

9.黑色

黑色代表着崇高、严肃、刚健、坚实、黑暗、罪恶、绝望、死亡。

黑色包装设计通常简洁大方，具有一定的视觉冲击力，能够吸引消费者的注意力。同时，黑色也具有一定的质感和高档感，可以提升商品的档次和品质感。然而，需要注意的是，黑色包装可能会给人一种沉重、压抑的感觉，因此在设计时需要考虑到商品的特点和消费者的心理需求，避免过于沉重或压抑的设计。黑色也是一种流行的主要颜色，适合和许多色彩搭配（图3-1-36至图3-1-40）。

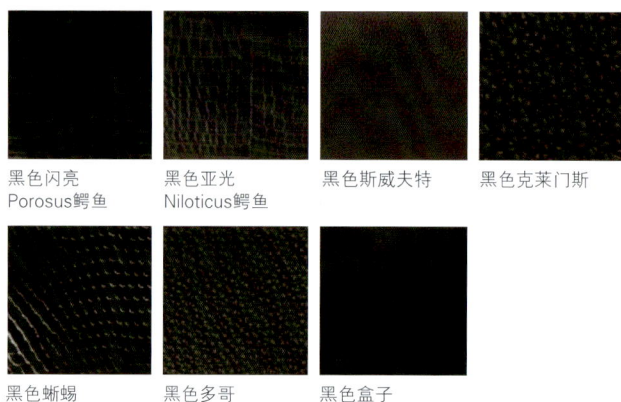

黑色闪亮
Porosus鳄鱼　黑色亚光
Niloticus鳄鱼　黑色斯威夫特　黑色克莱门斯

黑色蜥蜴　黑色多哥　黑色盒子

图3-1-36　黑色色卡

图3-1-37　菜籽油包装设计

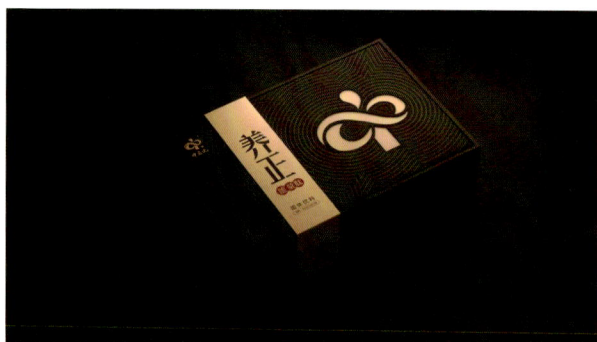

图3-1-38　固体饮料包装设计

图3-1-39　五宝茶包装设计

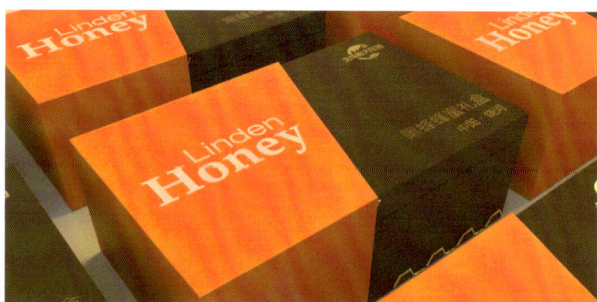

图3-1-40　蜂蜜包装设计

10.褐色

　　褐色是处于红色和黄色之间的任何一种颜色，含有适中的暗淡和适度的浅灰。褐色亦称赭色、咖啡色、茶色等，是由少量红色及绿色、橙色及蓝色、或黄色及紫色颜料混合构成的颜色。

　　在现代包装设计上，褐色通常被用来表现原始材料的质感，如麻、木材、竹片、软木。同时，褐色也常被用来传达某些饮品原料的色泽，从而唤起其特有的味感，如咖啡、茶、麦类饮品。此外，褐色还常被用来强调那些追求古典优雅格调的企业或产品的形象（图3-1-41至图3-1-44）。

图3-1-41　褐色色卡

图3-1-42　巧克力包装设计

图3-1-43　酒类包装设计6

图3-1-44　茶饮料包装设计

二、色彩的基本功能

色彩搭配得当，包装就会格外引人注目。消费者在面对琳琅满目的产品时，能瞬间留下深刻印象的必定是那些具有鲜明个性色彩的包装。因此，色彩对包装设计有着重要的意义。据科学统计，在观察物体时，最初的20 s内色彩感觉占80％，形体感觉占20％；2 min后色彩占60％，形体占40％；5 min后各占一半。因此，在构成产品包装设计的所有因素中，色彩是最早触动人的，能够直接刺激消费者的购买欲望（图3-1-45至图3-1-47）。

| 图3-1-45 酒类包装设计7 | 图3-1-46 酒类包装设计8 | 图3-1-47 儿童酸奶包装设计 |

包装的色彩受到工艺、材料、用途和销售地区等因素的制约和限制，在包装设计中主要具有美化、识别以及促销等功能。

1.美化功能

色彩以其鲜艳、绚丽的特性丰富了人们的视觉，使平凡无奇的产品穿上魅力十足的衣裳而变得绚丽多姿，除满足功能需求之外还满足了人们的审美需要。

2.识别功能

在包装的色彩设计过程中，应用企业标准色是包装设计加强色彩识别性，树立品牌形象直接有效的手段。每种颜色因色相、明度、纯度上的差异而与其他颜色相区分，展现出独特的个性特征。在现代自选产品货架上，各种产品琳琅满目，令人目不暇接。同类产品也有无数不同的品牌、规格，使人难以抉择。许多企业把企业标准色运用到本企业的产品包装上，形成视觉的统一感，强化企业形象。此外，根据产品固有的色彩个性和属性，运用形象化的色彩，使消费者对产品包装产生色彩的回忆，进而加深对产品内容及特征的印象。例如，同一品牌的咖啡包装，用咖啡色体现浓郁的芳香，用棕黄色体现柔和细腻的特质，这正是利用产品本身的色彩让消费者产生较真实的感觉。直接凭借包装上的色彩，不经品尝消费者就能做出大致的判断（图3-1-48至图3-1-53）。

图3-1-48 食品包装设计

图3-1-49 鸡蛋包装设计

图3-1-50 茶杯包装设计

图3-1-51 茶叶包装设计2

图3-1-52 苹果包装设计

图3-1-53 薯片包装设计

3.促销功能

消费者对品牌形象和理念的认识，往往是通过品牌包装上的特有色彩而获得的。正因如此，企业通过设计产品包装标准色彩，形成统一的视觉效果，树立企业品牌形象，实现促销的目的。另外，色彩还有增强记忆力的功能，借助色彩帮助消费者识别产品并产生记忆，便于扩大销售。色彩是建立企业与消费者沟通的桥梁，成功的包装色彩是消费者购买产品决策的依据。因此，有效利用包装色彩来达成促销目的，是包装设计的重要课题。色彩注目性高的包装，容易引起消费者注意，进而达到刺激销售的目标。总之，产品包装设计中的色彩，有着独特的内涵与特性，在产品营销中起着无声的"营销大师"的作用。产品包装设计师不仅要重视产品包装色彩的美化功能，还要从经济学角度出发，增强产品的亲和力和人性化价值，准确鲜明地传达产品的基本特征和功能信息。产品包装设计应有较强的实用性和引导性，真正发挥它应有的营销功能（图3-1-54至图3-1-57）。

图3-1-54 化妆品包装

图3-1-55 糖果包装

图3-1-56 毛巾外包装

图3-1-57 喜糖包装

三、色彩的基本运用

人们在日常生活中会受到性别、年龄、职业、民族、性格、文化和审美等众多因素的影响，因而在对产品包装色彩的认识上形成了一定的习惯，设计师要对此有所了解，依据不同的属性来配置颜色，让色彩为包装设计增色。

（1）依据产品属性

产品属性是指产品固有的特性。如同人有不同侧面，产品也在不同领域折射出不同的属性，笼统地称之为产品属性，可理解为产品所具有的各种特性的集合，当然其中也包括了色彩。色彩是产品外在属性中最为鲜明的因素之一，其不仅对消费者具有冲击力，对于产品的宣传性也同等重要。因此，可以根据产品本身的属性，巧妙运用色彩，设计出能够使消费者产生购买欲望的包装。这不仅能在产品与消费者之间架起一座心灵沟通的桥梁，还能为消费者创造愉悦、舒适的视觉体验。

（2）依据消费群体

包装设计的理念是向目标消费者有效推荐产品。从宣传性能的角度来看，包装设计无异于筑巢引凤，更多地起到吸引消费者关注的作用。当然，任何一款产品都有特定的消费群体，因此，在包装设计时根据消费群体来定位就显得极其重要。在实践经验中，不同的消费群体对色彩的喜好和审美会有巨大差别。根据调查表明，年龄是影响色彩偏好的重要原因之一。人们在幼儿时期，往往喜欢高纯度的颜色，尤其是暖色，如红色、橙色、黄色。等到了少年时期，这种喜好就有所改变，慢慢喜欢高明度的颜色，如白色。青年人对颜色的喜好大都和中年人类似，喜欢高纯度、高明度的颜色，如黑色和白色。随着年龄的增长，喜欢纯色的人越来越少，一般由高纯度变为低纯度，由暖色变为冷色。

（3）依据地方习俗

人们对色彩的喜爱也会随着信仰、地域等因素而改变。在产品走向国际市场时，同一款颜色的产品包装设计在某些国家或地区会受到当地消费者的大力追捧，而在一些在此国家或地区，其受欢迎程度也许会大相径庭。

第二节　文字设计表现

一、文字的语言

文字是交流思想、传递信息并能表达某一主题的符号，是包装设计中不可或缺的组成要素。包装设计中的文字是向消费者传达产品信息最直观、最有效的途径（图3-2-1至图3-2-3）。

图3-2-1　火锅底料包装设计

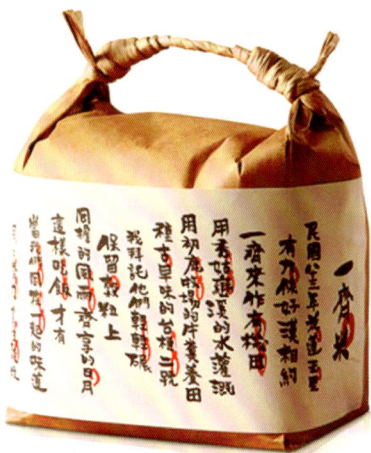

图3-2-2　大米包装设计

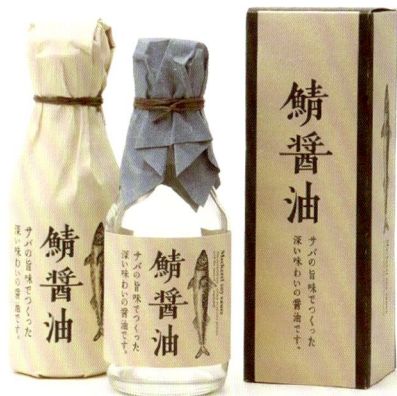

图3-2-3　鲭酱油包装设计

（1）形象文

形象文包括品牌名称、产品名称、企业标识和厂名。这些代表产品品牌形象的文字，是包装设计中主要的视觉表现因素。这类文字通常要求精心设计，具备独特的辨认度，通常安排在包装的主要展示面上。

（2）广告文

广告文也叫广告语，是产品进行差异性宣传和突出产品特色的口号。广告文字的运用通常根据产品销售宣传策划灵活调整，内容应该诚实、简洁、生动，并遵守相关的行业法规。

（3）功能文

功能文是对产品内容做出细致说明的文字，且有相关的行业标准和规定的约束，具有强制性。功能文的主要内容包括产品用途、使用方法、功效、成分、重量、体积、型号、规格、生产日期、保质期、生产厂家信息、保存方法和注意事项等。

功能文多采用可读性强的字体，根据包装结构特点安排在次要的位置，也可将产品的详细说明文字另附专页印刷品附于包装的内部。

二、文字的性格

（1）书写体

书写体可分为篆书、隶书、楷书、草书、行书，它们具有古朴、庄重、严谨大方、生动潇洒等特点（图3-2-4、图3-2-5）。

（2）印刷体

印刷体种类繁多。汉字有宋体、仿宋体、长黑体、单线体、圆头体、综艺体等，它们有端庄大方、秀丽挺拔、粗壮醒目、整齐均匀、圆润饱满等特点。拉丁字母有罗马体、哥特体、意大利斜体、单线体等，它们有典雅大方、明快流畅、简洁醒目、活泼大方、庄重而不失变化等特点（图3-2-6至图3-2-8）。

图3-2-4　芝麻包装设计

图3-2-5　面条包装设计

图3-2-6　核桃油包装设计

图3-2-7　塑料瓶包装设计

图3-2-8　枇杷膏包装设计

（3）变体美术字

变体美术字是指汉字和拉丁字母经过夸张、变形等装饰手法美化的一种字体，它包括装饰美术字、形象美术字、立体美术字及自由美术字。它们最大的特点是具有象征文字的意义，可以根据文字内容在艺术表现上做较大的变化，使文字富有装饰性和感染力，而且自由、生动、活泼。变体美术字在包装设计中的应用非常广泛（图3-2-9至图3-2-11）。

图3-2-9　零食包装设计

图3-2-10　爆冰凉茶包装设计

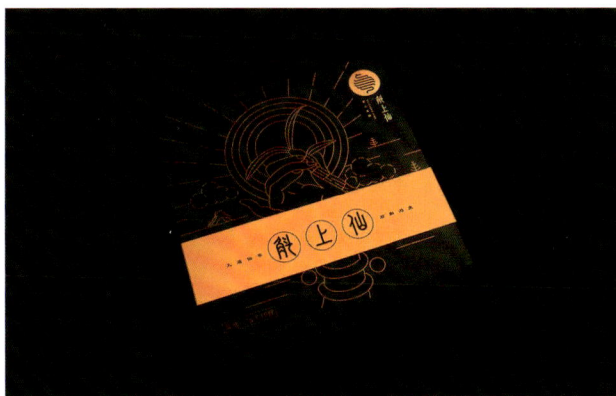

图3-2-11　饮品包装设计

三、包装文字的表现

（1）品牌文字

品牌文字是企业形象的一部分，大多数的品牌文字是由多个字或字符构成的，字或字符的造型手法统一是形成完整品牌文字形象的重要条件。品牌文字通常是已经整合好的，在包装设计中需要合理地运用。

（2）产品名称文字

产品名称是包装中最重要的信息之一，目的是吸引消费者的关注。因此，产品名称的文字设计首先必须符合产品特点，并与品牌名称相协调（图3-2-12至图3-2-16）。稳重挺拔的字体，富于力度，在设计产品名称时能给人以简洁爽朗的现代感，有很强的视觉冲击力。

图3-2-12 茶包装设计

图3-2-13 小米包装设计

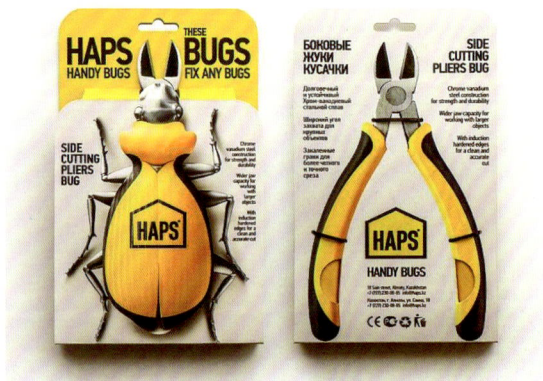

图3-2-14 工具包装设计

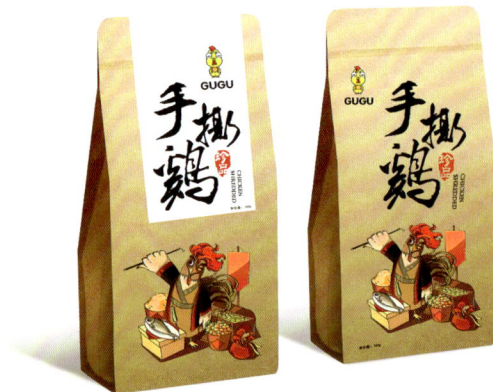

图3-2-15 手撕鸡包装设计

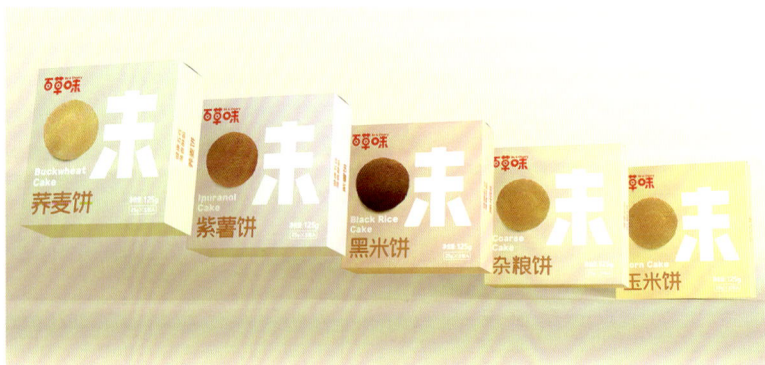

图3-2-16 饼干包装设计

（3）广告宣传文字

广告宣传文字是对包装宣传功能的一种强化，并不是所有的包装上都会出现，一般会选择品牌本身的广告语，也有些是对产品的特点进行概括性的提炼。广告宣传文字一般比较醒目，常常采用与底色对比强的颜色（图3-2-17至图3-2-19）。

（4）说明文字

说明文字是包装中的必需信息，是为消费者介绍产品的详细资料。但通常消费者对产品产生兴趣后才会对其进行关注，因此一般将说明文字放在背面或侧面。在整个包装设计中，说明文字往往不被重视，却是消费者深入了解产品的重要渠道。因此，说明文字字体和字号的选择以方便消费者寻找和阅读为宜，同时也要符合包装的整体设计风格。

（5）其他文字

其他文字主要是一些产品补充信息，如净含量，通常会放置在包装背面或侧面，使消费者可以对产品的容量进行比较，也是销售策略的一部分（图3-2-20至图3-2-22）。

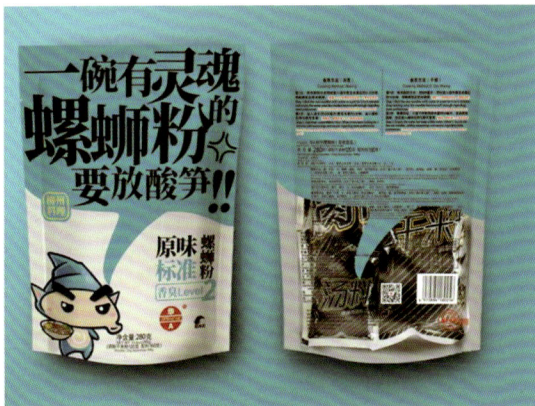

图3-2-17 螺蛳粉包装设计

图3-2-18 饮料包装设计

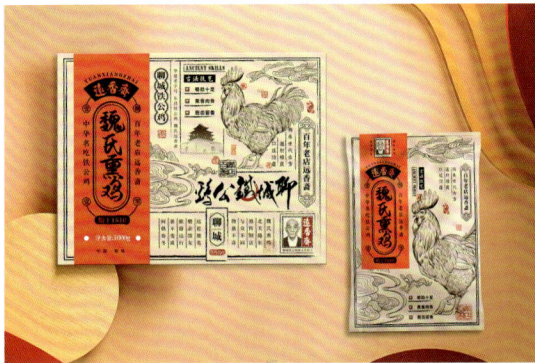

图3-2-19 熏鸡包装设计

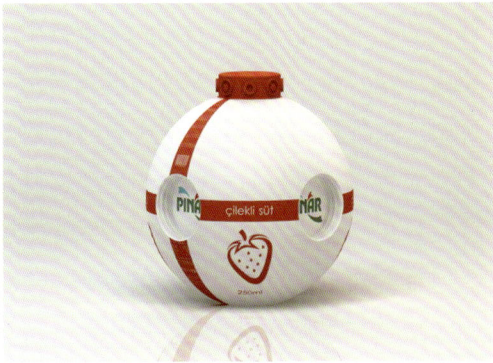

图3-2-20 果汁牛奶包装设计

图3-2-21　柿饼包装设计

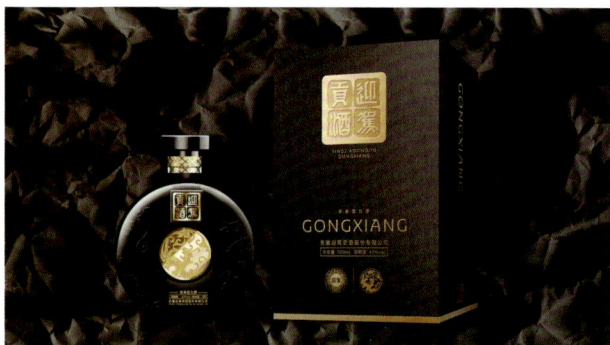

图3-2-22　酒类包装设计

第三节　图形设计表现

在包装视觉传达设计中，图形要为设计主题服务，为塑造产品形象服务。图片、插画、图标、符号等可通过各种风格加以体现，每种风格都会创造出不一样的视觉语言，构成具有刺激感的视觉画面。图形可以简洁明了，从而让人迅速体会到设计概念。不同画面所传达的感觉体验不同，如风味、香味、口味、温度等都可以在包装设计中通过图形视觉的方式表现出来。

一、包装图形类型

包装图形一般可分为内容型、解说型、联想型、装饰型。

（一）内容型包装图形

内容型包装图形是一种直接显示内容物形象的包装形式。消费者可以依据直观的图形提示，具体地判断容器内的物品是什么。这种包装形式源自于"百闻不如一见"的思想观念（图3-3-1至图3-3-4）。

内容物的具体提示一般通过实物形象提示、原料形象提示和成品形象提示三种途径实现。

实物形象提示是一种将具体的内容物展示给消费者的包装形式。这种展示一般采用实物和图示两种方式。展示实物既是最古老的销售方式，也是最具体、最直接的形式之一。

原料形象提示是一种将制造产品的原料展示给消费者，以取得他们的注意和信任的包装形式，如液体、果冻、粉末的包装。原料形象提示体现了原料本身具有的美丽外形，也准确地传达出内装物的品质和品种。但是，因原料形象提示产生误解的情况也时有发生，如果汁包装、营养滋补品包装。

成品形象提示是一种将产品的组合形式展示给消费者的包装形式。有些产品的实物和原料是无法以完整的、准确的提示形式展示出来的。例如，塑料组合模型、积木等产品，以实物展示不过是一个个零部件，毫无意义可言；而以原料展示，其形式更与产品相距甚远。这些产品的最大意义在于有机组合，形成一定的形象，从而使消费者获得乐趣。一些加工食品包装也多以成品的图像展示，如碗中的方便面令人垂涎三尺，杯中的咖啡使人有立即闻到咖啡香味的感觉。

图3-3-1　各类型姜的包装设计

图3-3-2　火腿包装设计

图3-3-3　茶杯包装设计

图3-3-4　调味料包装设计

（二）解说型包装图形

解说型包装图形是一种以文字与说明性图形结合的方式，展示产品性能和特点的包装图形。它将本产品与其他同类产品的差异，以一种易于比较、易于理解的信息符号向消费者提示。所以，这类包装图形大多是根据具体的依据或事实进行说服性诉求，以增强说服力（图3-3-5至图3-3-7）。

图3-3-5　糕点包装设计

图3-3-6　熏鸡包装设计

图3-3-7　水果包装设计

（三）联想型包装图形

　　联想型包装图形是指通过视觉联想思维，将抽象的产品诉求与具象化事物联系起来，设计出既符合产品属性又生动有趣、外形夺人眼球的包装图形。这种联想就是开发和传达内装物在意义、品质、功能等方面的隐喻性视觉信息，使内容物的价值和视觉表现图形相等值。

　　意义的共通性和联想的共同性是这种包装图形形式的基本特征。意义的共通性是内装物的价值和视觉表现之间隐含着互通的意义，其作用类似于桥的功能，使两边的事物通过桥联系在一起。联想的共同性是指包装的平面图形与消费者对内装物的联想一致（图3-3-8至图3-3-10）。

图3-3-8　巧克力包装设计

图3-3-9　礼盒包装设计

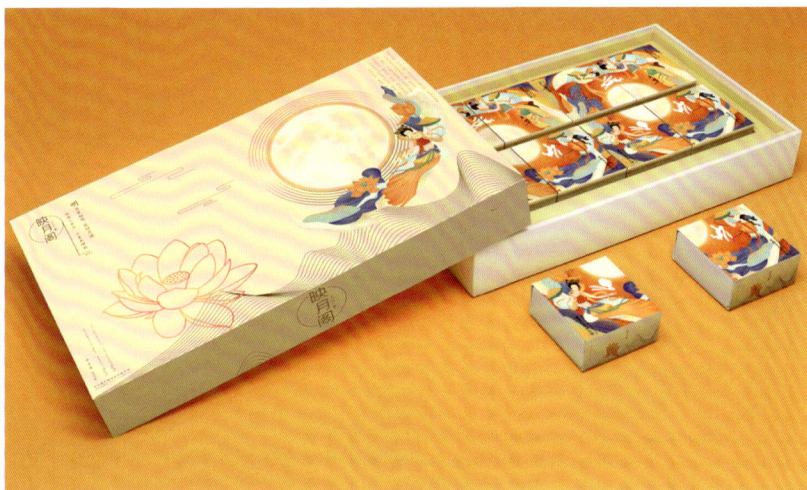

图3-3-10 月饼包装设计1

（四）装饰型包装图形

装饰型包装图形是一种以图案或纹样为主的平面包装图形。传统产品往往要求与之相适应的包装形式，如具有传统风味的图案、纹样。现代电脑技术的发展，使我们看到了在功能和装饰之间有机结合的可能性和可实现的技术途径。事实上，饰有流行图案的现代产品包装逐年增多。

人们在表达华贵的意义时，总是和装饰相联系。装饰常常被人们作为一种提高物品身价的手段。这就是人们在馈赠礼品时总是选择装饰性较强的包装的原因（图3-3-11至图3-3-13）。

图3-3-11 茶叶包装设计1

图3-3-12　蜂蜜包装设计

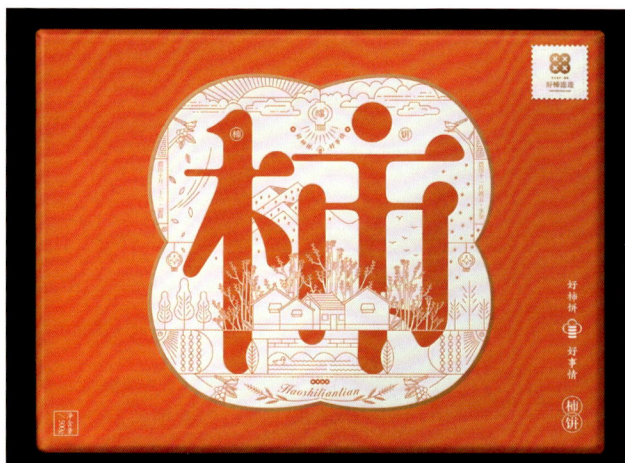

图3-3-13　柿饼包装设计

二、图形表现要点

（一）主题表达准确

突出产品品质是图形设计的重点所在。设计师借用图形来传递产品信息时，关键的一点便是准确达意，无论是采用具象的图片来说明产品的实际情况，还是运用绘画手段来夸张产品属性，抑或是用抽象的视觉符号激发消费者的情绪等，都要准确传递产品信息。对产品信息的准确表达还包括所选用的图形要诚实可信，这不仅有利于培养消费者对该产品的信赖感，也有利于提高其对该品牌的忠诚度（图3-3-14至图3-3-16）。

图3-3-14　香水包装设计1

图3-3-15　香水包装设计2

图3-3-16　香水包装设计3

在设计中要针对产品主要销售对象的多方面特点和对图形语言的理解来选择表现手段。由于包装本身尺寸的限制，过于复杂的图形将影响主题的定位，因此采取以一当十、以少胜多的方法运用图形语言，可以更加有效地实现准确传达视觉信息的目的。

（二）具有较强的审美性

成功的包装设计，必然符合人们的审美需求，必须带给人们美好而健康的感受，既能唤起个人情感的体验，也能引起美好的遐想和回忆（图3-3-17至图3-3-19）。

图3-3-17　茶叶包装设计2

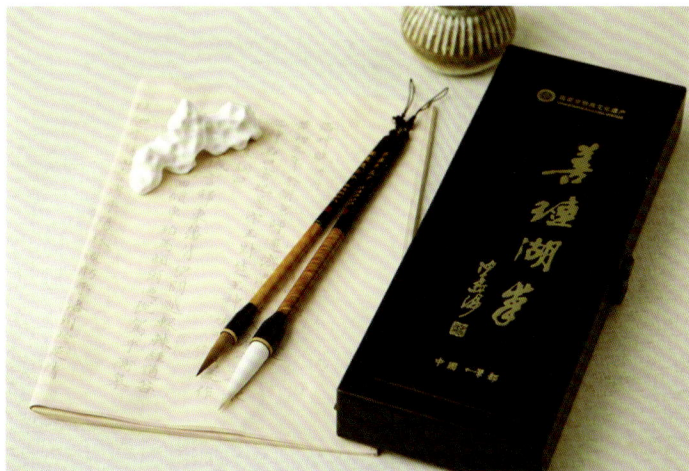

图3-3-18　笔包装设计

（三）独特的个性

图形是一种视觉语言，产品宣传要标新立异，设计者要掌握独特的思维方法和表现角度，发掘每种产品的独特个性特点，寻找能反映原创特质的语言，赋予包装强烈的个性。同时，还要考虑产品的销售环境，包装是立体的，产品在市场陈列时多数是叠放展示，体积大小有别，可展示面也受到限制。因此，包装图形的设计要考虑视觉效果的连续性，积极追求新奇的空间效果，以给消费者留下深刻的印象（图3-3-20至图3-3-22）。

图3-3-19　桂圆莲子粥包装设计

图3-3-20　农产品包装设计

图3-3-21　月饼包装设计2

图3-3-22　糖果包装设计

（四）局限性和适应性

在包装设计中，不同的图形会引发消费者不同的心理感受，同一个图形在不同的使用环境下也会产生不同的视觉效果。随着产品的国际化，包装图形设计应考虑不同国家、地区，不同民族的风俗习惯和禁忌，比如出口到阿拉伯国家的产品包装上规定不能使用六角星的图案，因为六角星是以色列国旗上的图案，会引起阿拉伯人的反感和忌讳；传统的仙鹤和孔雀图案在中国象征长寿和美丽，但在法国却是淫妇的代名词；法国禁用黑桃，因为它象征死亡；意大利人忌用兰花图案。作为设计师要了解这些特殊的民俗习惯，避其所忌并遵守相关国家和地区的有关规定，不可随心所欲，否则会使产品销售遇到麻烦，造成不必要的损失（图3-3-23至图3-3-25）。

图3-3-23　人参枸杞茶包装设计

图3-3-24　茶叶包装设计3

图3-3-25　茶点心包装设计

第四节　版式设计表现

一、版式类型

所谓包装设计中的版式，就是在有限的页面上把视觉元素进行规范、有序、严谨的排列组合，使理性思维个性化地表现出来，是一种具有个人风格和艺术特色的视觉传达方式。主要目的是提升包装设计的审美价值、增强包装的视觉冲击力、使包装设计融入趣味性。包装设计对于产品一直有着不可忽视的重要性，就好比给产品披上了一件外衣，优秀的包装设计就是那件漂亮的衣服，能够吸引消费者的目光。优秀的包装设计有很多，它们来自不同的产品、表现形式和国家地区，其共同点是采用的版式类型大同小异，主要分为以下几种。

1.主体独立式

主体独立式的包装版式设计是指设计师根据产品的属性等特点创造出视觉图形，然后把它作为包装设计的主体，通常的处理方式是把视觉主体居中，但很多时候也会略有偏移。这种版式的优势是容易创造出较强的视觉冲击力，且易于传播和延展，有助于产品在众多同类产品中脱颖而出（图3-4-1至图3-4-3）。

2.色块区分式

色块区分式的包装版式设计是指设计师用色块或者图片把版面分成两个或两个以上的面，一般情况是一部分色块用来展示图片（主视觉部分），另外的色块用来排列产品，此类版式多为五谷类和日用品产品类包装（图3-4-4至图3-4-6）。

图3-4-1 鸡蛋包装设计

图3-4-2 坚果类包装设计

图3-4-3 五谷杂粮包装设计

图3-4-4 餐具包装设计

图3-4-5　食品包装设计1

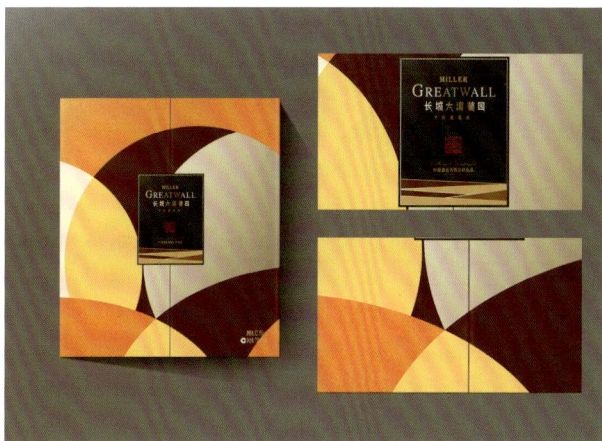

图3-4-6　红酒包装设计

3.包围式

包围式的包装版式设计是指设计师为了突出包装上的主要文字信息，用众多图片元素将其围绕起来，这种包装版式设计能够使产品名称或标志更加突出，且围绕的元素多采用花纹，文艺清新，更具视觉吸引力（图3-4-7、图3-4-8）。

图3-4-7　食品包装设计2

图3-4-8　啤酒包装设计

4.局部放大式

局部放大式的包装版式设计是指把主体图形隐藏一部分，只展示局部图形，这个局部通常是产品最具代表性的一部分，给受众无限的想象空间。

5.文字式

文字式的包装版式设计是指画面中没有任何图片元素，设计的全部内容均由品牌的logo、产品名称等组成，简约、清新的纯文字版式能带给受众不一样的视觉感受（图3-4-9至图3-4-11）。

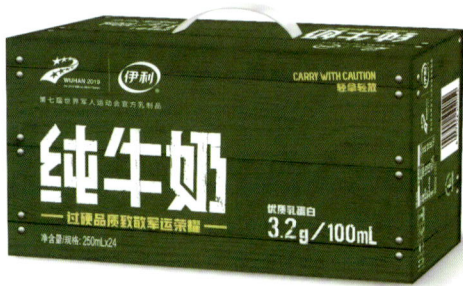

图3-4-9　牛奶包装设计

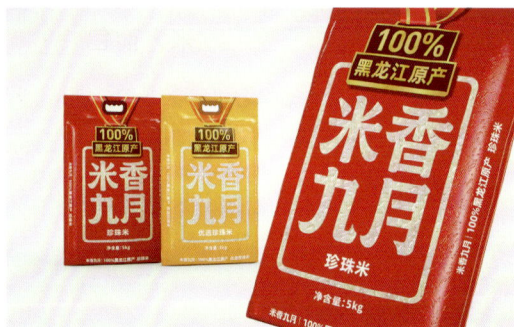

图3-4-10　大米包装设计

图3-4-11　饮料包装设计1

6.图文组合式

图文组合式的包装版式设计是指画面由图片和文字两种元素构成，这种版式比较灵活，主视觉不只由一个独立的主体构成，还有一些分散的元素，文字信息根据这些图片元素和画面的整体感觉进行排列，最终达到协调统一的效果，此类版式多应用于饮品或点心类包装（图3-4-12、图3-4-13）。

图3-4-12　巧克力包装设计

图3-4-13　月饼包装设计

7.局部镂空式

局部镂空式的包装版式设计主要是为了让消费者看到包装盒里的产品，把包装盒的某一部分做镂空处理，然后用透明的PVC膜封起来，而包装上的图片和文字信息则设计在未镂空的部分（图3-4-14至图3-4-16）。

8.徽标式

徽标式的包装版式设计即把画面的视觉主体设计成一个类似徽章的图形，这种版式多用于一些进口产品的包装中。徽标式的包装因自带复古、高贵的属性而受到大众和设计师的青睐（图3-4-17至图3-4-19）。

图3-4-14　酒类包装设计1

图3-4-15　茶叶包装设计

图3-4-16　灯泡包装设计

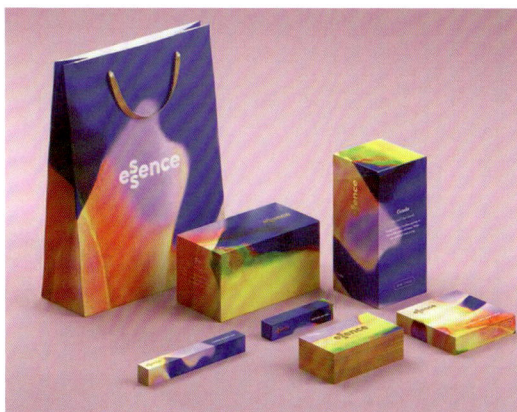
图3-4-17　化妆品包装设计

图3-4-18　咖啡包装设计

图3-4-19　护肤品包装设计

二、版式的视觉流程

　　视觉流程是人的视线在画面上的移动轨迹。这是因为人的视野极为有限，不能同时感知所有物象，必须按照一定的顺序移动视线来感知外部环境。包装设计中的版面视觉流程是一种"空间的运动"，是视线随各元素在空间沿一定轨迹运动的过程。正因为这种空间的流动视线是看不见的"虚线"，所以设计时容易被忽略（图3-4-20、图3-4-21）。

图3-4-20　版式设计1

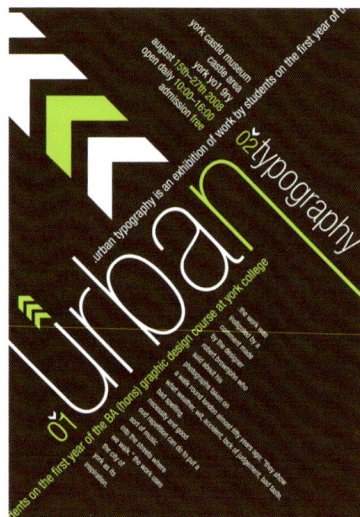

图3-4-21　版式设计2

　　有经验的设计师非常重视并善于运用版面的主线，通过它左右读者的视线，引导读者按照设计者的意图进行阅读，这使得版面主体明确、脉络清晰。可以说，视觉流程运用得好坏，是设计者技巧成熟与否的表现。

1.单向视觉流程

单向视觉流程指的是视线随着版面中各视觉元素的布局而形成一条单向的线，可引导受众由主到次富有逻辑地接受信息。它的特点是直接表达主题内容，传递速度快，给人简洁、明了的视觉印象。单向视觉流程主要表现为三种方向关系。

① 横向视觉流程，给人稳定、恬静之感（图3-4-22）。

② 竖向视觉流程，给人坚定、直观的感觉（图3-4-23）。

③ 斜向视觉流程，动感十足，以不稳定的动态引人注意（图3-4-24）。

图3-4-22　横向视觉流程

图3-4-23　竖向视觉流程

图3-4-24　斜向视觉流程

2.曲线视觉流程

各视觉要素随弧线或回旋线进行编排即为曲线视觉流程。曲线视觉流程不如单向视觉流程那样直接简明，但是形式变化多样，版面节奏感强，可形成曲线美，营造轻松愉悦的阅读氛围（图3-4-25至图3-4-27）。曲线视觉流程可概括为弧线形（C）和回旋形（S）两种，弧线形具有饱满、扩张和一定的方向感；回旋形的两个相反的弧线则产生矛盾回旋，在平面中增加深度和动感。

图3-4-25　曲线视觉流程1

图3-4-26　曲线视觉流程2

图3-4-27　曲线视觉流程3

3.导向视觉流程

导向视觉流程是一种目的性极强的流程安排，通过诱导元素，主动引导读者视线向一定的方向顺序运动，从视觉上和心理上引导读者按照设计者的意图主次分明地阅读画面，突出重点。包装设计中的版式视觉导向线形式多样，有虚有实，主要包括目光视线引导、指向性图形引导、面积大小的引导等（图3-4-28至图3-4-30）。

图3-4-28 酒类包装设计2

图3-4-29 橄榄油包装设计

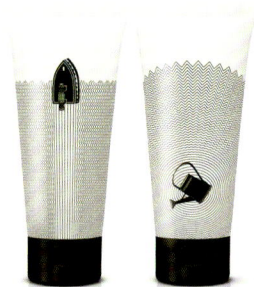

图3-4-30 护肤品包装设计

4.重心视觉流程

重心是视觉心理的中心，是版面中最能引人注目的地方。每一个版面都有自己的重心，它可以引导人们的视线沿着一定的方向运动，产生强有力的视觉对比，突出主体形象。在视觉流程上，首先是从版面重心开始，然后顺着形象的方向与力度的意向来发展视线的进程，由主到次。偏离画面中心的重心可使画面产生不安定感。点的向心、离心的视觉运动也是重心视觉流程的表现。重心的视觉流程可读性高，不仅能有效地传播信息，还可以使主题更加突出、醒目（图3-4-31至图3-4-33）。

图3-4-31 酒类包装设计3

图3-4-32　果汁包装设计

图3-4-33　酒类包装设计4

5.散点视觉流程

散点视觉流程指版面各要素的排列呈自由分散状态，常表现为一种随意、无序，没有主次之分和方向感的编排形式，强调感性、自由随机和偶然性，强调空间和动感。散点视觉流程的特点是可以跳跃性地、有选择地获取信息，版面往往动感强烈，富有个性，充满朝气与活力（图3-4-34至图3-4-36）。

图3-4-34　奶粉包装设计

图3-4-35　零食包装设计

图3-4-36　饮料包装设计2

思考与练习

1.分析色彩及文字在包装设计中的具体表现。

2.分析图形及版式在包装设计中的具体表现。

3.结合色彩、文字、图形、版式等知识点，设计1～2组具有国潮风格的包装设计作品。

第四章　包装材料与结构设计

学习目标

通过对包装设计知识的了解，掌握包装与材料、结构、工艺制作等知识，为今后包装设计知识的学习打下扎实的理论与实践基础。

知识目标

1.掌握包装设计与材料。

2.掌握包装设计与结构。

3.掌握包装设计与工艺。

能力目标

1.掌握包装的材料、结构与制作工艺。

2.掌握包装材料、结构等的综合运用能力。

课前欣赏

通过对包装设计知识的了解，对一些经典案例进行欣赏、分析，有助于在实践中更加系统、深入地运用包装设计材料与工艺知识（图4-0-1至图4-0-6）。

图4-0-1　茶叶包装设计

图4-0-2　食品包装设计

图4-0-3　矿泉水包装设计

图4-0-4　辣椒酱包装设计

图4-0-5　酒类包装设计

图4-0-6　果汁包装设计

第一节　包装材料

　　包装材料是指用于制造包装容器、包装装潢、包装印刷、包装运输等满足产品包装要求所使用的材料，它既包括金属、塑料、玻璃、陶瓷、纸、竹木、天然纤维、化学纤维、复合材料等主要包装材料，又包括捆扎带、装潢、印刷材料等辅助材料。

　　包装材料在整个包装工业中占有重要地位，是发展包装技术、提高包装质量和降低包装成本的基础。因此，了解包装材料的性能、应用范围和发展趋势，对合理选用包装材料，扩大包装材料来源；采用新包装和加工新技术，创造新型包装和包装技术，提高包装技术水平与管理水平，具有重要的意义。

　　在消费者心中，包装实体就是产品。对许多产品来说这种实体构造就应该是品牌视觉标志物，材料就是这种实体构造物的载体。材料要素包含产品包装所拥有的容纳称重、保护等方面的物理属性，也包含影响产品包装的视觉效果的表面纹理和质感等情感属性。材料要素是包装设计的重要环节，它关系到包装的整体功能和经济成本、生产加工方式、视觉艺术处理及包装废弃物的回收处理等多方面。

一、包装材料选用原则

1.良好的保护性能

　　保护物品是包装最基本的性能，其目的是防止被包装物品在运输中因振动、装卸时碰撞等受损。因此，要求包装材料具有一定的耐冲击强度、刚性强度、防振性、防潮强度和堆码强度等性能。为了防止被包装物品变质和满足其他特定要求，根据产品特性，包装材料应对水分、气体、光线、气味等具有一定的阻挡能力（图4-1-1至图4-1-3）。

图4-1-1　大米包装设计

图4-1-2　鸡蛋包装设计

图4-1-3　金枪鱼罐头包装设计

2.可靠安全的原则

包装材料的毒性要小，以免对人体健康造成影响和污染产品。为了使被包装物品免受某种生物或细菌的侵害而遭到损坏，包装材料应具有防鼠、防蛀、防虫、抑制微生物、防静电等性能。应确保内装物品的安全性，防止内装物品发生物理的、化学的损伤，还要避免包装废弃物对环境造成污染（图4-1-4至图4-1-6）。

图4-1-4　零食包装设计1

图4-1-5　蜂蜜包装设计

图4-1-6　香水包装设计

3.易于加工的原则

包装材料要便于加工，容易制成各种容器。包装材料要能够进行大规模生产，易于包装作业的机械化、自动化。包装材料要适于印刷，便于批量印刷和装膜。

4.经济方便的原则

经济方便指对一种或多种包装材料的应用，无论从单件成本还是从总成本来核算，都是最低廉的。有些包装材料本身的成本价格虽然高一些，但由于加工工艺简便，制作成本较低，因此在选用时仍可考虑（图4-1-7至图4-1-9）。

5.方便获取的原则

许多包装材料虽然从适用、经济、美观的角度衡量都很合适，但不方便在当地采购，或者可供数量不足，抑或不能按时供应，就得更换另一种材料，特别是一些精巧、昂贵、稀有的包装材料和辅料，会经常出现供不应求的情况，所以在选择与应用包装材料时，必须考虑方便获取这一原则（图4-1-10至图4-1-12）。

图4-1-7　酸奶包装设计

图4-1-8　灯泡包装设计

图4-1-9　方便面包装设计

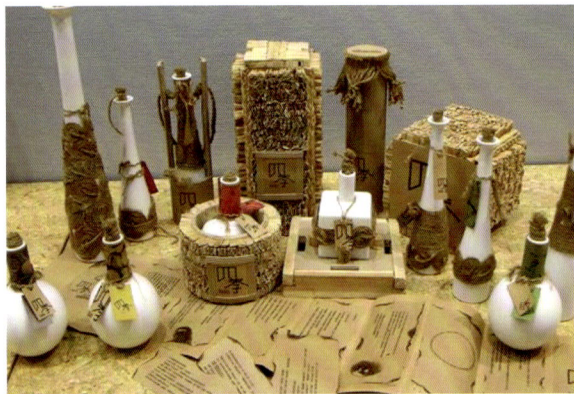

图4-1-10　酒类包装设计

图4-1-11　糕点包装设计

图4-1-12　啤酒包装设计

6.易于回收处理的性能

包装材料要有利于环保，对环境不造成损害，要尽可能地选择绿色包装材料，以便于回收、生物降解或重新利用。

在选择与应用包装材料时，应全面考虑其合理性，无论是材料的保护性能、利用率，还是审美价值的展示，以及是否满足产品功能的需求，都涉及合理与不合理、科学与不科学的问题。因此，在选择与应用包装材料时，必须遵循适用、经济、美观、方便、科学的原则（图4-1-13至图4-1-18）。

图4-1-13　手撕肉包装设计

图4-1-14　橙子包装设计

图4-1-15　香熏蜡烛包装设计

图4-1-16　婴儿洗涤剂包装设计

图4-1-17　零食包装设计2

图4-1-18　奶酪包装设计

二、包装材料的分类

包装材料种类繁多（图4-1-19至图4-1-21），分类方法也多样，按照原材料种类进行分类是包装行业普遍采用的方法。

图4-1-19　茶叶包装设计1

图4-1-20 茶叶包装设计2

图4-1-21 益生菌包装设计

1.常规包装材料

① 纸包装材料：蜂窝纸、纸袋纸、干燥剂包装纸、牛皮纸、工业纸板等。

② 塑料包装材料：PP打包带、PET打包带、撕裂膜、缠绕膜、封箱胶带、热收缩膜、塑料膜、中空板等。

③ 复合类软包装材料：软包装、镀铝膜、铝箔复合膜、真空镀铝纸、复合膜、复合纸等。

④ 金属包装材料：马口铁、铝箔、桶箍、钢带打包扣、泡罩铝、PTP铝箔、铝板、钢扣等。

⑤ 陶瓷与玻璃材料。

⑥ 木材包装材料：木材制品和人造木材板材（如胶合板、纤维板）制成的包装，如木箱、木桶、木匣、木夹板、纤维板箱、胶合板箱以及木制托盘。

2.其他包装材料/辅料

① 烫金材料：激光膜、电化铝烫金纸、烫金膜、烫印膜、烫印箔、色箔等。

② 胶黏剂、涂料：黏合剂、复合胶、增强剂、封口胶、乳胶、树脂、不干胶等。

③ 包装辅助材料：瓶盖、手套机、模具、垫片、喷头、封口盖、包装膜等。

三、纸质包装材料

纸在现代包装设计中，是用途最广、成本最经济、变化最大的包装材料之一。因其软性、薄片特征，常被用来制作裹包衬垫和包装袋、包装盒。纸板能形成固定形状，常用来制成各种包装容器。用纸和纸板原料制成的包装，统称为纸质包装。纸质包装应用十分广泛，是最佳的包装载体之一。它不仅被大量用于食品、化妆品、百货、纺织、医药等产品的包装，还被用于五金、家用电器、电信器材、电脑用品等的包装。

1.包装设计常用纸张

包装用纸和纸板是按定量来分的，即单位面积的质量，以1 m²的克数来表示。凡定量在250 g/m²以下的称为纸。也可以用厚度来区分，厚度在0.1 mm以下的统称纸，0.1 mm以上的称为纸板。国内通常使用的纸张规格为787 mm×1092 mm（即整开），平均裁切两等份为787 mm×546 mm（即对开），以此类推，分别为4开、8开、16开、32开等。

2.包装材料纸的特性

纸的原料充沛，价格低廉。由于纸很轻，降低了运输费用，比其他材料更经济实用。纸有一定的强度、耐冲击性、耐摩擦性，很容易达到卫生要求，无味、无毒。纸有良好的成型性和折叠性，加工性能良好，便于制作，适用多种印刷术，而且印刷的图文信息清晰牢固，美观精致，能带给人很好的视觉效果。纸容易回收、再生、降解，便于废物处理，不会造成污染，符合环保要求，是理想的绿色包装材料。但是纸也有缺点，如易受潮，易发脆，受到外力作用后易破裂。所以在设计包装时，一定要充分发挥纸的优势，避开其弱点，使设计达到最大的使用功能和视觉效果（图4-1-22至图4-1-24）。

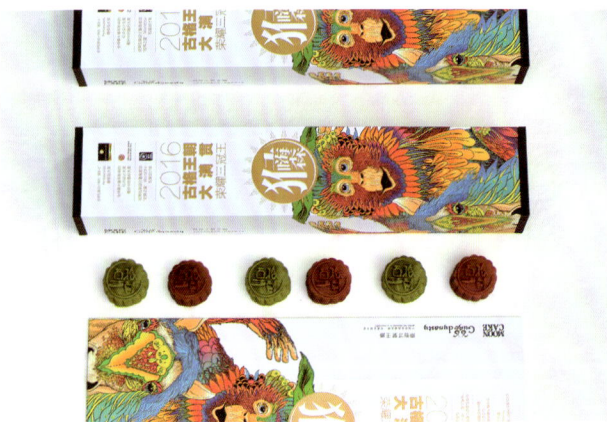

图4-1-22　食品类包装设计

图4-1-23　香水包装设计

图4-1-24　糕点包装设计

第二节　包装结构

一、纸包装结构

1.纸包装结构的类型

纸包装容器的种类繁多，按其形体特征，可分为纸盒、纸箱、纸袋、纸杯、纸碗、纸罐、纸桶和纸浆模塑制品等。

纸盒是用纸板制成、容量较小且具有一定刚性的包装容器。纸盒所用纸板有一定厚度，可保证一定的刚性，又能满足容器加工成型的要求（图4-2-1）。

纸箱是由瓦楞纸板制成的箱型容器，规格标准化。主要作为运输包装，也可直接作为销售包装（图4-2-2）。

图4-2-1　纸盒包装设计

图4-2-2　纸箱包装设计

纸杯（碗）是一种杯（碗）的一次性纸容器。主要用于盛装冷饮、冰激凌、果汁，或作为便携的餐具使用。纸杯（碗）的价格低廉，使用方便，不会对环境造成污染（图4-2-3）。

纸袋是用纸袋纸、牛皮纸等制成的袋型容器（图4-2-4）。纸袋分方便纸袋和储运纸袋，方便纸袋容量较小，可带提手，也可不带提手，使用方便，主要用于散装零售产品的临时包装；储运纸袋容量较大，常采用多层牛皮纸或纸的复合材料制成，有较高的强度，主要用于水泥、化肥、粮食等大容量、多颗粒、粉末状产品的运输包装。

纸罐是由纸板制成的罐型容器，一般要加衬里、涂层，以获得所必需的物理和化学性能。还有一种由纸板、塑料薄膜及铝箔复合而成的纸复合罐，有较高的强度和阻渗性能（图4-2-5）。

纸桶是由纸或纸板制成桶身，而桶底、桶盖则用纤维板、木板、胶合板或金属板材制成的桶型容器。主要用于储运干性散装粉末、颗粒状产品（图4-2-6）。

纸浆模型制品是利用纸浆通过模具成型、干燥制成的容器，如杯、碗、快餐盒。所用原料多为玉米秸秆、麦秸、芦苇、竹子、甘蔗及纸制品废弃物等（图4-2-7）。

图4-2-3　纸杯包装设计

图4-2-4　纸袋包装设计

图4-2-5　纸罐包装设计

图4-2-6　纸桶包装设计

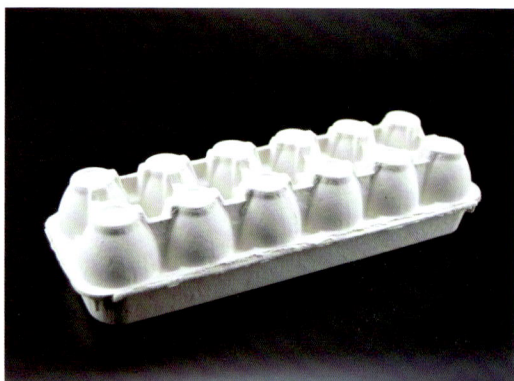

图4-2-7　纸浆包装设计

2.纸包装结构的设计要素

纸包装种类很多，其中最主要的纸质包装自然要属纸盒和纸箱。下面以纸盒包装结构设计为例来阐述纸包装结构的设计要素。

纸包装的结构体是点、线、面、体的组合，而对于由平面纸板制成的折叠纸盒、粘贴纸盒与瓦楞纸箱这类纸包装，除上述元素之外，还要考虑原料——平面纸板的物理特性，角也是一个十分重要的结构要素。

点，在纸包装基本造型结构体上，有三类结构点：多面相交点、两面相交点和平面点（图4-2-8）。

线，从适应自动化机械生产来说，纸包装压痕线可分为两类：预折线和工作线（图4-2-9）。

面，因为平面纸易成型的原因，纸盒（箱）面只能是平面或简单曲面（图4-2-10）。

体，从纸包装成型方式上看，其基本造型结构体可分为三类：①旋转成型体，通过旋转方法而由平面到立体成型，管式、盘式、管盘式纸盒（箱）属此类；②对移成型体，通过盒坯两部分纸板相对位移一定距离而由平面到立体成型，非管非盘型折叠纸盒属此类；③正-反揿成型体，通过正-反揿方法成型纸包装间壁、封底、固定等结构的造型体（图4-2-11）。

角，相对于其他材料成型的包装容器，点、线、面等要素所共有的角是旋转成型体类的纸包装成型的关键（图4-2-12）。

图4-2-8　"点"型包装设计

图4-2-9　"线"型包装设计

图4-2-10　"面"型包装设计

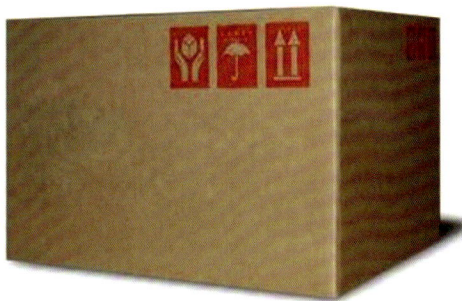
图4-2-11　"体"型包装设计

图4-2-12　"角"型包装设计

二、石膏模型结构

石膏是主要成分为硫酸钙（$CaSO_4$）的水合物，制作石膏模型的目的是进行容器人体工程学的测试和根据模型参考进行修改，以弥补视觉误差上的不足（图4-2-13至图4-2-15）。

图4-2-13　石膏包装设计1

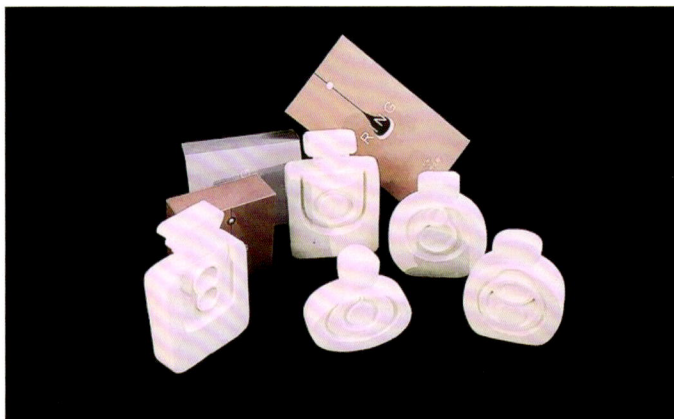

图4-2-14　石膏包装设计2

图4-2-15　石膏包装设计3

（一）手工制作法

在造型中有很多异型的设计，常常需要用手工制作。

1.工具

工具刀：用壁纸刀代替即可，用于切削石膏等。

有机片：普通有机片即可，在上面用壁纸刀划上经纬线。

内外卡尺：用于测量尺寸。

手锯：用于截锯石膏。

围筒：用油毡纸、铁皮或易卷起的塑料片均可。

水磨砂纸：粗细各准备几张，石膏模型干后，用于表面打磨。

乳胶：用于黏结造型的构件。

石膏粉：要求颗粒细，无杂质。

2.制作方法

① 准备材料，进行制作前的准备工作。

② 根据石膏粉包装上的说明，按照比例准备适量的石膏粉和清水。通常情况下，石膏粉和清水的比例为1∶1，也可以根据实际情况调整比例。

③ 将清水倒入容器中，再将石膏粉慢慢倒入水中，搅拌均匀。

④ 搅拌石膏粉和水的混合物，直到混合物变得均匀，没有细小颗粒产生。

⑤ 将石膏混合物缓慢倒入模具中，确保填满所有的空隙，震动排除气泡。

⑥ 根据石膏粉包装上的说明，等待一段时间，让石膏完全干燥。通常情况下，需要等待24 h左右。

⑦ 当石膏完全干燥后，可以小心地将模具分开，取出膏模。再用砂纸修整石膏模表面和边缘，直到光滑细腻为最好。

（二）机轮旋制法

1.工具

机轮、支棒、车刀、围筒、卡尺、直尺、三角尺、铅笔、线绳、铁夹等。石膏粉要求颗粒细，无杂质。

2.制作方法

机轮旋制法是常用的制模方法，但只局限于同心圆造型石膏的制作。

① 石膏原型制作：制作者手持刀具或样板，在刀架上对旋转成型的机转轮上浇筑凝固的石膏毛坯，进行切削加工。这种方法可用于制作各种圆平画、圆筒、圆柱形状的回转体模型，先在机轮上浇注出石膏坯胎，用油毡卷成筒状，放在机轮上，用细绳捆好，再把调制好的石膏浆液（按石膏与水的比例为1.35∶1左右调制）倒入围好的油毡内。

② 加工制作石膏模型：20～30 min后，石膏有了一定的强度，取下油毡，就可以开始车制了。在车制时，电机速度要保持匀速状态，先按三视图的比例，车制大型，当大型车制成型后，再用不同的刀

头、模板进行下一步的深入加工。加工时随时用卡尺测量尺寸大小，必须保证缓慢下刀，加工完后要轻轻走刀，用刀板在石膏表面上进行精细加工，使石膏有一定的光度。车制完成后，用刀尖切断加工好的模型下部，取下模型，完成加工制作。

③ 成品制作——在机轮轮盘上做出石膏柱体：根据所要旋制的造型直径尺寸，用油毡卷出圆筒，尺寸要略留有余地。用线绳和铁夹固定在轮盘上的同心圆周线上。再将水和石膏调成浆状，注意流动性要好，以便排出气泡。把浮在上面的污物去掉，然后倒入围筒内，迅速用木条轻轻搅动或轻轻晃动轮盘，以便排出气泡。

④ 立体石膏制作：在石膏浆凝固还未硬结时，把围筒取下。迅速把柱体旋正。然后把柱体的顶部旋平，再找出造型的高度和最大直径。注意身体要正，操刀要稳。进刀不可太快，用力要均匀。多用刀尖，少用刀刃，可避免跳刀现象。

握刀方法：左手在前、右手在后，将车刀并握在木棒上，木棒前端顶到机器挡板上或墙上均可固定，后端夹在腋下，以方便、灵活、省力为好。

⑤ 修缮调整：线形的连续与转折等部位处理要用锯条制成的修刀调整，要求严格、一丝不苟。再用砂纸修整石膏模表面和边缘，直到光滑细腻为最好。

（三）翻制成型法

1.工具

机轮、石膏粉、水、立体模具、黏土、塞板、脱模剂、线绳、铁夹等。

2.制作方法

① 制作石膏原型：在制作石膏模具前，先要用黏土等材料制作与最终产品一致的"原型"，通过分析原型的形态结构，确定出分模块与分模线。确定分模块时要注意，分模块能大则大，数量越少越好，分模线一般在形体的最高点或转折部位，并且要考虑模块之间的咬合，使各模块扎捆之后不松动。确定好分模块后，就可以按照从下往上，从两侧向中间的步骤制作模具了。

② 浇注模型：将原型用黏土（泥巴）垫平放好后，尽可能让分模线处于水平位置，使脱模方向与工作面垂直。然后用塞料（黏土揉熟的泥）或塞板（石膏板、木板、金属板、塑料泡沫板）沿分模线将暂时不浇注的部分堵塞，留出需要马上浇注的部分。周围用挡板（围板）围住并固定好。并用黏土（泥）把围板周围的缝隙堵塞好，涂上脱模剂（肥皂溶液、凡士林、氢氧化钾溶液），便可进行浇注。

③ 制作石膏制品：为了翻制合格的石膏模型，在翻模件制成后，脱开模件，取出"原型"，并对模件的模腔内进行修整，将孔填补，凸出部分修平，杂物清除干净，再在模腔内涂刷脱模剂，拼合模具固定好后，便可以用来浇注石膏模型的制品了。

④ 石膏模成型后，再用砂纸修整石膏模表面和边缘，直至达到最佳的光滑细腻程度。

三、包装与结构设计的基本原则

（一）变化与统一

在各种艺术创作和设计的过程中，变化与统一是一个普遍的规律。在包装设计中，变化是指造型各部位的多样化，统一是指造型的整体感（图4-2-16至图4-2-18）。

图4-2-16　陶罐包装设计

图4-2-17　护肤品包装设计1

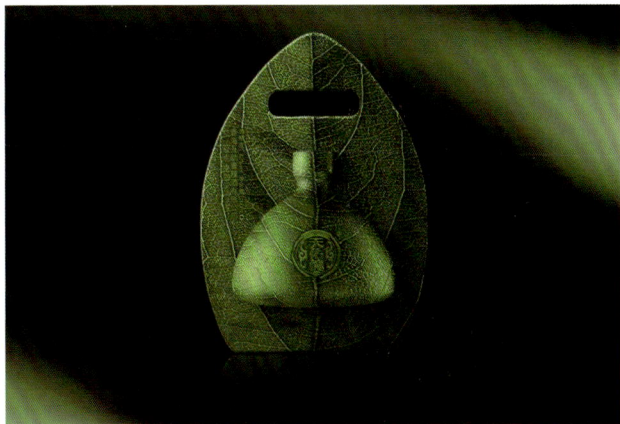

图4-2-18　酒类包装设计1

（二）对比与调和

1.线形对比与调和

在包装设计中所谓的线形，主要是指造型的外轮廓线，它构成了造型的形态。线形归纳起来可分曲线与直线两大类，但线形的变化是无穷的。每种线形都可以代表一种情感因素，正确运用好线形对比与调和的关系是造型成功的关键。

　　线形直接影响产品的功能。如酒壶壶嘴的线形会直接影响酒的流速与定点，功能合理的茶杯口部都有微妙的外倾现象，这些都是为了符合人与物的触觉感受及水流的性质而设计的（图4-2-19至图4-2-21）。

图4-2-19　青花瓷器包装设计

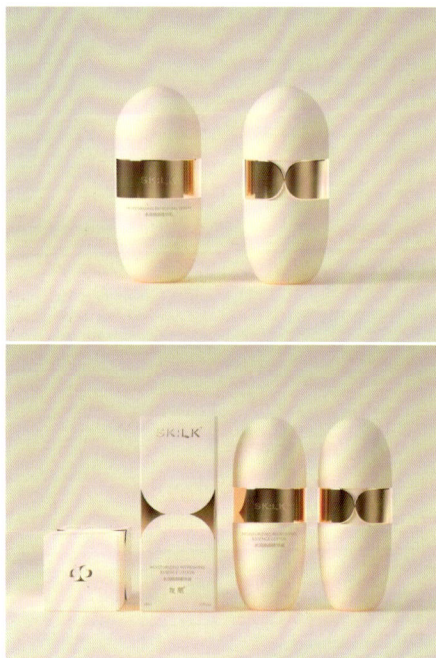

图4-2-20　护肤品包装设计2

图4-2-21　护肤品包装设计3

2. 体量对比与调和

造型的体量是指形体各部位的体积，在视觉上感到的分量。体量的对比与调和对造型来讲是不可缺少的艺术手段，运用得恰到好处，可以突出形体主要部分的量感和形态特点，使其特色更加鲜明、耐人寻味（图4-2-22、图4-2-23）。

图4-2-22 酒类包装设计2

图4-2-23 冷冻咖啡罐包装设计

3.空间对比与调和

每一个实体都需要一个空间位置，这种空间在造型上称为实空间。造型中也有虚空间，是由造型本身的一些附加件所形成的（图4-2-24、图4-2-25）。

图4-2-24 多彩瓶包装设计

图4-2-25 瓷器包装设计

4.质感对比与调和

质感的对比在设计中主要体现在材料与装饰效果上。它不仅可以使造型效果产生多样性的变化，产生一种美感，也可以使精细的部位更突出，效果更鲜明（图4-2-26、图4-2-27）。

图4-2-26　酒类包装设计3

图4-2-27　酒类包装设计4

5.色彩对比与调和

色彩对比与调和是包装设计中重要的一环，它们相互补充、相互影响，共同为产品打造出独特且吸引人的视觉形象（图4-2-28、图4-2-29）。

图4-2-28　酒类包装设计5

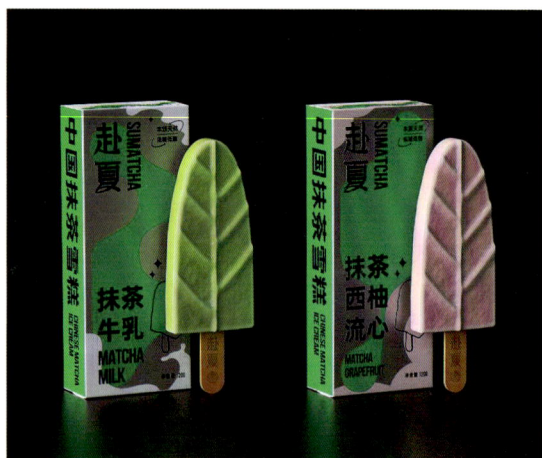

图4-2-29　雪糕包装设计

（三）重复与呼应

在系列产品与配套产品中，大多以重复造型的主要特征来达到配套造型整体的呼应关系。单体包装造型为了强调线形的特点或丰富造型结构，也往往采用重复的艺术手段，这是在各种艺术创作中较常见的现象（图4-2-30、图4-2-31）。

图4-2-30 酒类包装设计6

图4-2-31 橙子包装设计

（四）整体与局部

设计必须克服为了追求变化而在局部采用堆砌、拼凑等毫无意义的变化。造型的局部要服从整体的要求，局部的变化是为了丰富整体的内容，不能过于烦琐，也不能破坏整体关系的和谐统一（图4-2-32、图4-2-33）。

图4-2-32 食品包装设计

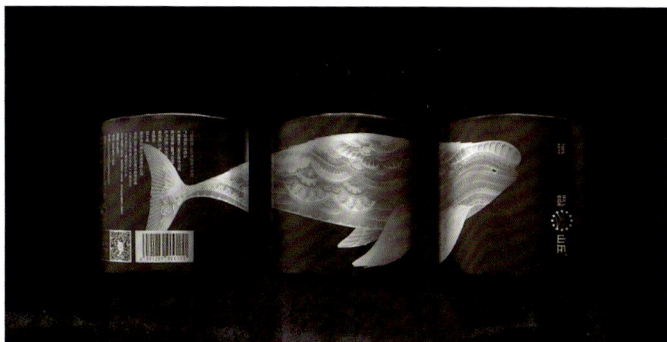

图4-2-33 卷纸包装设计

（五）节奏与韵律

那些和谐的点、线、面及比例、均衡、材质、色彩的反复和组织，都隐藏着节奏与韵律。有节奏、有韵律的形态蕴藏着一种美感。造型的节奏和韵律是通过组织与把握设计中的各个表现形态因素来获得的（图4-2-34、图4-2-35）。

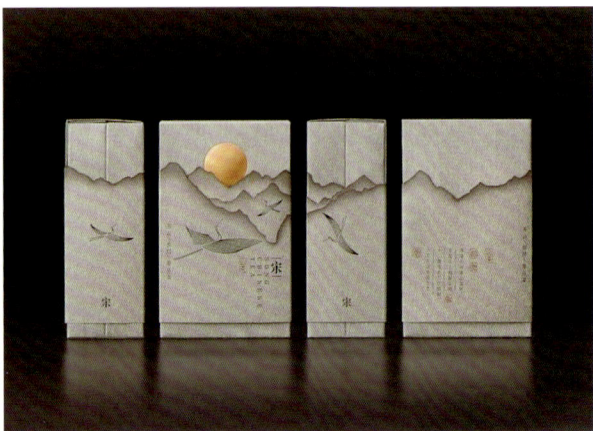

图4-2-34　茶叶包装设计

图4-2-35　护肤品包装设计4

（六）生动与稳定

　　包装造型的稳定是人们对造型最基本的要求。造型中的稳定有两个方面，一是使用的稳定，二是视觉感觉的稳定，要求两者统一。

　　包装设计应确保在使用时稳定放置，方便移动，但又不能过于呆板以至失去生动。生动是造型中美的感人的因素。包装应该是用之稳定，观之生动的。生动的效果主要来自造型的线形变化与整体情调的吻合处理（图4-2-36、图4-2-37）。

图4-2-36　农产品包装设计

图4-2-37　酒类包装设计7

（七）比例与尺度

无论从实用功能的角度还是从审美角度来谈造型，都离不开比例与尺度。比例是指造型的前后左右、整体与局部等尺寸关系，而尺度则是根据人们的生理和使用方式所形成的合理尺寸范围（图4-2-38、图4-2-39）。

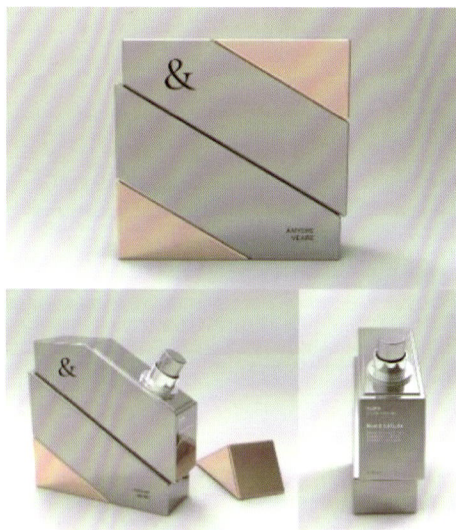

图4-2-38　香水包装设计

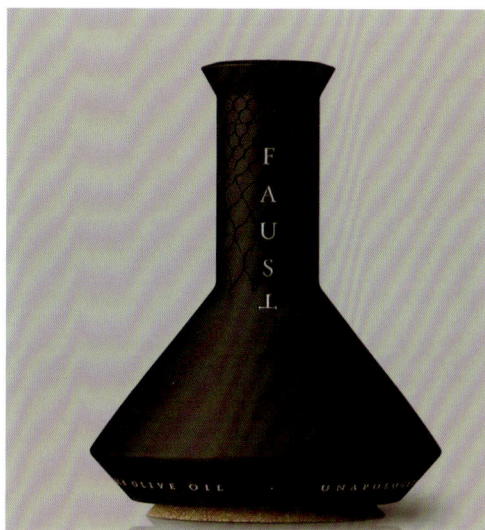

图4-2-39　橄榄油包装设计

（八）透视变形与错视

1.透视变形

在包装设计过程中，经常见到这样一个问题：将立体造型与图纸造型相比，尽管立体造型是完全按图纸尺寸完成的，但立体造型总感觉细小，图纸造型总感觉宽大。还有小件造型，像球形类造型，本来图纸上最大直径以上部分尺寸与以下部分尺寸完全相等，但由于使用范围大多数是处在人的视平线以下，所以实际视觉感觉则是上大下小，这种现象称为透视变形。

2.错视

错视即人的视觉对物象的一种错误的感觉。设计中经常会遇到错视现象，要想获得一个线条挺拔的圆柱体的杯子，在处理腹部线条时，必须处理成稍有外弧的线条，方能得到直线的感觉（图4-2-40、图4-2-41）。

图4-2-40　水包装设计

图4-2-41　洗手液包装设计

思考与练习

1.分析包装与结构的基本原则之间的联系，并具体运用在包装设计中。

2.综合运用材料、工艺、造型等所学知识点制作1～3组酒瓶模型作品。

第五章　包装设计实践案例

学习目标

通过学习食品包装、礼品包装和绿色环保包装设计与制作的设计程序，进一步提升包装设计与制作的能力，为今后包装设计实践知识的学习奠定扎实的基础。

知识目标

掌握包装的实践设计。

能力目标

1.掌握食品包装、礼品包装和绿色包装的设计与制作。

2.提高包装设计的综合能力。

课前欣赏

在学习包装设计与制作之前，通过对一些经典案例进行欣赏、分析，有助于在实践中更加系统、深入地掌握包装设计知识（图5-0-1至图5-0-6）。

图5-0-1　酸奶包装设计

图5-0-2　火腿包装设计

图5-0-3　茶叶包装设计

图5-0-4　护肤品包装设计

图5-0-5　零食包装设计

图5-0-6　蜂蜜包装设计

第一节　食品包装项目策划与设计

实例内容： 对一款食品进行项目策划与外包装设计，以西湖龙井茶叶的外包装为例进行深入分析。

实例课时： 16学时。

实例目的： 通过该实例，学生将进行市场调研和文案策划，并对食品外包装进行设计。这有助于学生掌握外包装设计的一般规律及设计程序，具备设计外包装的能力，为今后从事包装项目策划与设计打下扎实的基础。

一、包装设计定位

杭州自古是文人墨客流连忘返之地，而西湖龙井茶产自我国七大古都之一——杭州的狮峰、龙井、五云山、虎跑一带。茶区位于三面环山的自然屏障的独特小气候中，有着独特的江南文化韵味。享誉世界的西湖龙井茶有据可考的历史长达1200年。

茶文化是中国文化的重要组成部分，中国文化历史悠久，内涵丰富，因此在进行设计时要真正体现出茶文化的内涵。在进行茶叶包装工艺设计时，为了更好地丰富我国的茶文化，应该进一步了解关于茶的相关习俗，大力学习茶具、茶艺、茶俗等相关内容。在进行茶叶包装设计时，应该能充分地体现出我国的茶文化，并且对茶文化进行有效的补充。为了推广茶文化，新颖的包装设计必不可少，只有真正吸引人驻足观看的包装，才能够对茶文化进行有效的传承。

好的茶叶包装设计可以吸引消费者购买茶叶，进而提高销售份额。通过包装的视觉设计可以表现茶叶的效用、文化与历史，提升品牌形象，使我国传统的茶文化得以更广泛的传播。

（一）品牌定位

西湖龙井是著名的品牌茶之一，其价格因采茶时间不同而迥异，包装所用的材料也不同。例如，通过铁盒或袋装来区别不同的档次，方便消费者选购，但是它们都有统一的名称——西湖龙井。

（二）产品定位

当今，随着市场经济竞争日益激烈，企业需要造就一个突出产品形象，能体现产品内在质量价值的包装设计。西湖龙井茶素以色翠、形美、香郁、味醇冠绝天下，其独特的"淡而远""香而清"的绝世神采和非凡品质，在众多茗茶中独具一格。包装设计时应考虑西湖龙井茶的功效及作用，凸显出历史价值和文化底蕴，使产品在市场上发挥更大的价值。

（三）档次定位

档次定位体现在包装设计上最直接的表现是包装材料的选择不同。

极品明前茶、顶级茶（头采）是商用送礼的好选择，包装定位要高档、有贵重感，一般使用礼盒包装，材料为贵重金属或竹盒、木盒。特级明前茶，适合于商用送礼，一般使用礼盒包装，一般使用竹盒、木盒。一级明清茶是中高档的茶叶，送朋友、亲戚都是不错的选择，一般使用礼盒包装，建议用纸盒或铁盒。夏茶，价格便宜，包装材料大多为塑料袋。秋茶，又名"小春茶"，气候与春天相近，故口感很不错，下半年也可以喝到很新鲜的茶叶，适合于重品质又讲究性价比、追求实惠的茶友，一般使用普通礼盒或单盒装。

二、包装设计策划

西湖龙井包装设计策划的重心可以放在类似包装、组合包装、附赠品包装、再使用包装、分组包装五个层面上，不同的包装满足不同消费群体的需要。

西湖龙井茶叶包装求新是为了在产品的竞争过程中处于领先的地位，所以在基础的包装形式上必须加以创新改进，或者突破西湖龙井茶叶已有的、常规的包装形式，使得消费者眼前一亮，在市场上引起风潮。新的包装设计既不失常规西湖龙井茶叶产品的经典，也能保持产品的市场份额。

三、设计与制作效果展示

贡牌狮峰西湖龙井包装设计（图5-1-1至图5-1-4）遵循品牌简洁大气的气质，着重突出品牌商标，插画及图案元素的运用使得该套包装设计在同类纸包茶产品中脱颖而出。该产品在视觉设计时更多地考虑了工艺的运用：插画印金处理降低了插画在整体视觉中的存在感，使得整体画面更有层次；品牌标志采用UV工艺处理，使整体包装档次及产品气质大大提升。

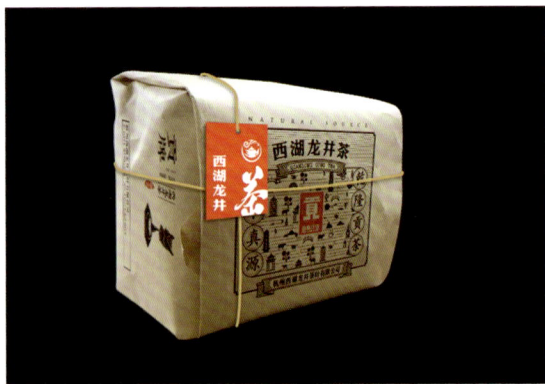

图5-1-1　狮峰龙井茶叶包装设计1

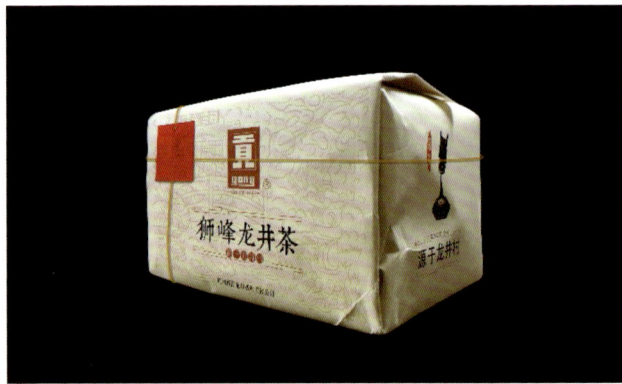

图5-1-2　狮峰龙井茶叶包装设计2

图5-1-3　狮峰龙井茶叶包装设计3

图5-1-4　狮峰龙井茶叶包装设计4

第二节　礼品包装项目策划与设计

实例内容： 对一款礼品进行项目策划与外包装设计，以广式中秋月饼的外包装为例进行深入分析。

实例课时： 16学时。

实例目的： 通过该实例的学习，鼓励学生进行市场调研、文案策划，学习礼品包装视觉信息设计（文字、图形、色彩等）的设计原则及规律，并能通过设计软件辅助完成礼品外包装的设计。达到对礼品外包装的设计与美化，掌握外包装设计的一般规律及设计程序，具备设计礼品外包装的能力，为今后从事礼品包装设计打下扎实的基础。

一、包装设计定位

中秋节又称"团圆节"，是流行于中国与汉字文化圈国家的传统文化节日。中秋节在唐朝成为固定节日，至明清时已经成为与春节齐名的中国传统节日之一。中秋节自古便有很多习俗，如赏月、吃月饼、赏桂花，同时中秋节以月之圆寓意团圆之意，寄托思念故乡、思念亲人之情，祈盼丰收和幸福，是弥足珍贵的非物质文化遗产。

（一）品牌定位

品牌不但使月饼具有独特性和示差性，还使月饼获得了更多的内容和价值，因而成为月饼最为重要的象征价值。品牌不仅代表了标准化和一贯化的质量、信用和优质服务，而且代表了消费者对产品的信心和忠诚、产品的市场份额和商业价值，同时它还体现了与之相对应的消费群体的生活品位和生活方式。为此，企业必须树立品牌战略，创建品牌的核心价值，提升品牌资产，构筑良好的消费者关系，建立品牌营销。依靠顾客对品牌的认同和支持带来附加价值的市场营销手段，即利用产品独特的品牌来招揽顾客，以促进产品销售。

广式月饼独具岭南风味，其包装应传承岭南文化特色，突破视觉创新，发展绿色包装，在包装设计上应结合传统本土文化，并展现其现代设计气息。

（二）产品定位

在如今琳琅满目的月饼市场中，有京式、广式、衢式、苏式、台式、滇式、晋式、港式、徽式、潮式等种类，为了让广式月饼在众多的月饼中更好地找准市场定位，应利用广式月饼皮薄馅厚、口感松软、香甜可口的特点进行包装设计，使其成为适合赠送亲友的佳品，在竞争日益激烈的市场环境中具有一定的竞争力。

广式月饼因具有选料纯正、清香顺滑、油而不腻、品类丰富等特色而广受人们的喜爱。其馅料品种众多，主要有莲蓉馅料、果仁馅料、水果馅料、鲍鱼馅料；其饼皮主要分为酥皮、浆糖皮、油糖皮三类，每类月饼的饼皮各有特色，适合不同的馅料，可满足不同口味的消费人群。

二、包装设计的策略

广式月饼在外包装设计上，可以选择红色和黄色色调，迎合中秋节节日氛围，体现出吉祥喜庆的含义。红色和黄色不仅符合中国传统的审美观念，也能引起人们的食欲和购买欲望。受到古老中国文化及深厚民俗观念的影响，其主题应围绕思念、祝福、团圆等概念展开，如牡丹花、明月、诗词等元素为主要内容。在图案的设计方面，可以融入一些传统文化元素，如中国结、莲花、云纹，以此体现其传统特色和文化底蕴。

三、设计与制作效果展示

图5-2-1至图5-2-4所示的广式月饼外包装设计在色彩上以黄色为主，描绘了中秋时节花好月圆的温馨时景，两只雪白玉兔灵动跳跃于美景之中。月影浮华，月亮知晓有缘时，双开门盒型搭配简明的中式元素创作，精致体面，大方得体。打开后，绚丽的颜色、丰富的传统图案，更显欢快、热烈的节日氛围。整个包装设计构思新颖、匠心独具、自然生动、美感十足，令人爱不释手，具有一定的实用价值和收藏价值。

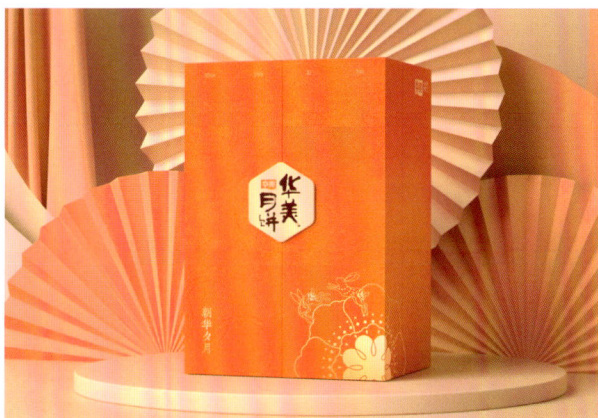

图5-2-1　华美月饼包装设计1

图5-2-2　华美月饼包装设计2

图5-2-3　华美月饼包装设计3

图5-2-4　华美月饼包装设计4

第三节　绿色环保包装项目策划与设计

实例内容：对一款绿色环保产品进行项目策划与外包装设计，以衢江区湖南镇"蛟垄小皇姜"外包装为例进行深入分析。

实例课时：16学时。

实例目的：通过该实例的学习，鼓励学生对绿色项目进行市场调研、文案策划，学习绿色包装视觉信息设计（文字、图形、色彩等）的设计原则及规律，在设计外包装时遵循绿色低碳设计规范。最终，能够通过设计软件辅助完成礼品外包装设计。

一、包装设计定位

浙江省衢州市衢江区湖南镇蛟垄村位于北纬28°，是优质小黄姜的核心种植区。凭借上乘的品质，蛟垄村生产的小黄姜曾于明初进贡朝廷，列为贡品。2016年，蛟垄小黄姜又入选杭州G20晚宴指定用姜。

（一）品牌定位

近年来，蛟垄村致力于打造"蛟垄小皇姜"特色品牌，充分挖掘蛟垄村近700年的生姜种植历史。积极谋划组织开展生姜文化节活动，通过姜王评选、拔姜、摄姜、祭姜等活动，吸引更多企业、游客关注"蛟垄小皇姜"，了解蛟垄生姜，全面开启蛟垄"姜文化"之旅，树立、推广"蛟垄小皇姜"特色品牌。

目前，已开发出蛟垄生姜粉、生姜片、姜糖等加工产品，生姜全产业链的布局正在逐步完善。蛟垄村将继续打造特色生姜文化产业，以"农旅结合"形式推动生姜产业提升，打造地域特色品牌，提升蛟垄生姜产品的标准化、品牌化，增强村内产品的溢价能力和市场竞争力，并根据农产品市场发展的新趋势，提出了"幸福蛟垄"的概念，赋予品牌精神内涵。

（二）销售定位

由于蛟垄村得天独厚的自然环境，这里盛产的小黄姜肉质细腻，纤维含量低，味浓辛辣，生吃、烹饪均可，鲜食、腌制口味俱佳。全程自然种植，赋予了蛟垄村生姜不经熏硫、不喷农药、不加催熟的"土生土长"的新鲜气息，更使其具备了无可挑剔的独特风味。从基本品质、等级规格、产品溯源、安全检测、包装与标识、产品要求、储藏保鲜和运输管理等方面都全面升级，各项数据与市场需求完成接轨，好评率远高于市场整体水平。既定标准加上良好口碑，不仅打通了蛟垄村生姜对接消费市场的通道，同时也赋予蛟垄村产业致富的自我"造血"功能。

二、包装设计策划

绿色包装设计作为一种新的设计思想与方法，已经引起世界各国的广泛认可和重视。绿色包装设计不仅有助于保护环境，还可以提高产品的品牌形象和市场竞争力。

由于"蛟垄小皇姜"产品种类多，如休闲类（糖姜片、姜糖）、保健类（干姜片、炮姜、干姜丝、姜茶、姜丸、姜膏、姜粉）、调味类（新姜、姜蓉）、居家类（腌制、泡姜）。基于此，在产品包装上以环保纸品材料（纸张、纸板、模塑纸浆材料）、玻璃瓶、天然纤维填充材料等为主，便于生产、制造及使用后的回收循环再利用，充分考虑到人体健康和生态环境的保护效果，体现该产品的地域优势和独特价值。

三、设计与制作效果图展示

"蛟垄小皇姜"的包装设计如图5-3-1至图5-3-6所示。

图5-3-1 "蛟垄小皇姜"包装设计1

图5-3-2 "蛟垄小皇姜"包装设计2

图5-3-3 蛟垄"小皇姜"包装设计3

图5-3-4 "蛟垄小皇姜"包装设计4

图5-3-5 "蛟垄小皇姜"包装设计5

图5-3-6 "蛟垄小皇姜"包装设计6

思考与练习

1.举例说明食品包装设计时，品牌、产品、档次及包装设计策划之间的关系。

2.请以几何形态为主，设计一款以衢州开化龙顶茶为主题的产品包装。要求：外观造型新颖、风格独特、结构合理，并体现出浓厚的地域特色；材料运用适当，便于加工与运输，便于使用；画出三视图和效果图；设计制作出外包装的模型或样品。

3.举例说明礼品包装设计时，品牌、产品及包装设计策划之间的关系。

4.以几何形态为主，设计一款以衢州邵永丰麻饼为主题的产品包装。要求：造型元素新颖、结构合理、色彩明快；突出邵永丰麻饼百年老字号的品牌文化；产品分高、中、低三档；画出三视图和效果图；设计制作出外包装造型的模型。

5.举例说明绿色环保产品包装设计时，品牌、销售及包装设计策划之间的关系。

6.以几何形态为主，设计一款以绿色"江山猕猴桃"为主题的产品包装。要求：突出绿色低碳环保、价格合理实用、造型别致、构思精巧；画出三视图和效果图；设计制作出外包装造型的模型。

7.设计1～3组动漫、卡通风格的食品包装、礼品包装、绿色环保包装作品。

第六章　经典作品欣赏

学习目标

　　了解、分析国内外经典包装设计作品，掌握它们之间的相似性、差异性、区域性等特性，以提高学生在包装设计中的艺术审美能力。同时，也为进一步包装设计知识的学习奠定扎实的理论基础。

知识目标

　　1.掌握国外经典包装设计作品要素。

　　2.掌握国内经典包装设计作品要素。

能力目标

　　1.提高包装设计作品鉴赏能力。

　　2.提高包装设计作品审美能力。

第一节 国外经典作品

图6-1-1 英国Rio气泡果汁饮料包装设计

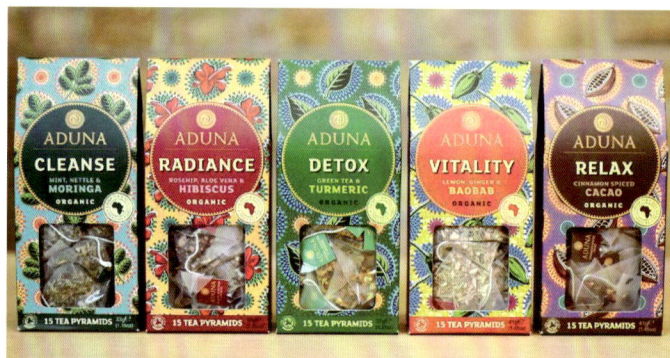

图6-1-2 英国Aduna茶包装设计

图6-1-3 伊朗茶叶包装设计

图6-1-4 GNAW巧克力包装设计

图6-1-5 德国erwin bauer酒包装设计

图6-1-6 Nature organic巧克力包装设计

图6-1-7　Yan果汁品牌包装设计

图6-1-8　俄罗斯斯拉夫糖果包装设计

图6-1-9　法国Hellolink面膜包装设计

图6-1-10　德国啤酒包装设计

图 6-1-11　法国Bruno甜点包装设计

图6-1-12　PagarVtaks饼干包装设计

图6-1-13　俄罗斯Tsar沙皇品牌谷物包装设计

图6-1-14　Meltz巧克力包装设计

图6-1-15　SMALL & WILD茶叶包装设计

图6-1-16　Pinche Mezcal包装设计

图6-1-17　Darioush Darius II酒瓶包装设计

图6-1-18　Real Housewife面粉包装设计

图6-1-19 丹麦品牌巧克力包装设计

图6-1-20 Vitagurt酸奶包装设计

图6-1-21 Blessed Land品牌食品包装设计

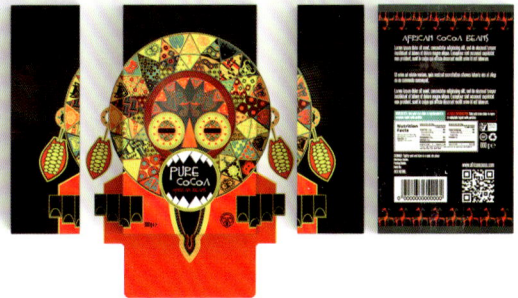

图6-1-22 非洲咖啡豆包装设计

图6-1-23 兰蔻CK香水包装设计

图6-1-24 Island Jack's薯片包装设计

图6-1-25 Williams-Sonoma食品包装设计

图6-1-26 Activia益生菌酸奶包装设计

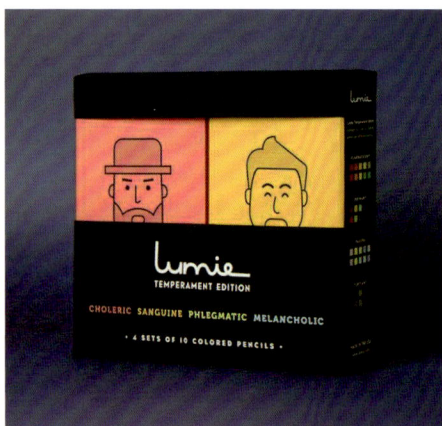

图6-1-27 Lumie彩色铅笔包装设计

图6-1-28 GRACIAS A DIOS AGAVE GIN包装设计

图6-1-29 IncrediPuffs食品包装设计

第二节　国内经典作品

图6-2-1　八宝粥包装设计

图6-2-2　泾阳茯茶包装设计

图6-2-3　茶叶包装设计

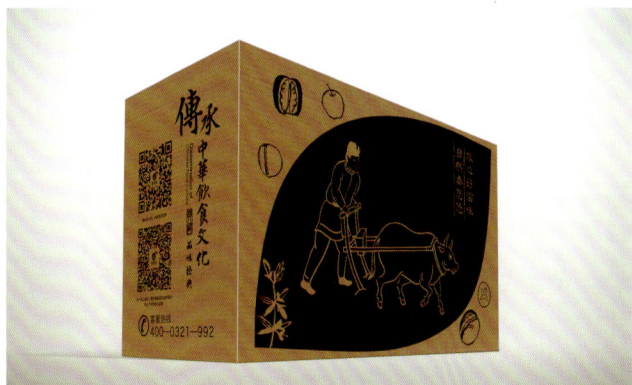

图6-2-4　纸箱包装设计

图6-2-5　小六汤包包装设计

图6-2-6　溢涌堂包装设计

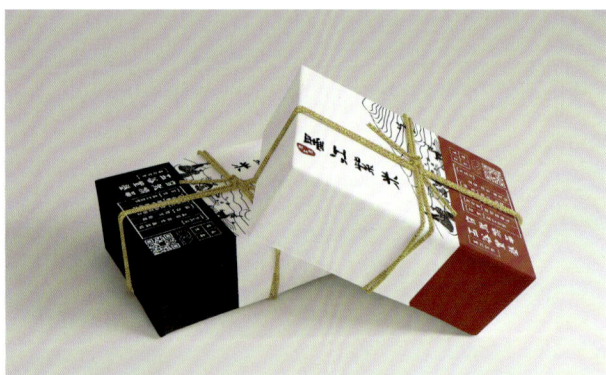

图6-2-7 墨江黑米包装设计

图6-2-8 仙人掌营养面包装设计

图6-2-9 曲奇星饼干包装设计

图6-2-10 北京烤鸭食品包装设计

图6-2-11 枸杞干果包装设计

图6-2-12 泰纳精品水果包装设计

．图6-2-13 巧克力槟榔包装设计

图6-2-14 云尚古茶包装设计

图6-2-15 放山鸡包装设计

图6-2-16 老子养生酒包装设计

图6-2-17 金线莲包装设计

图6-2-18 长寿知香包装设计

图6-2-19 茶籽堂茶叶包装设计

图6-2-20 每燕燕窝包装设计

图6-2-21　美哉茶叶包装设计

图6-2-22　瓜子包装设计

图6-2-23　哈尔滨红肠包装设计

图6-2-24　红枣姜茶包装设计

图6-2-25　八宝豆豉包装设计

图6-4-26　番茄汁饮料包装设计

图6-2-27　晨光文具用品包装设计

图6-2-28　中国风韵酒包装设计

图6-2-29　富硒大米包装设计

图6-2-30　五夫白莲子包装设计

图6-2-31　邮票包装设计

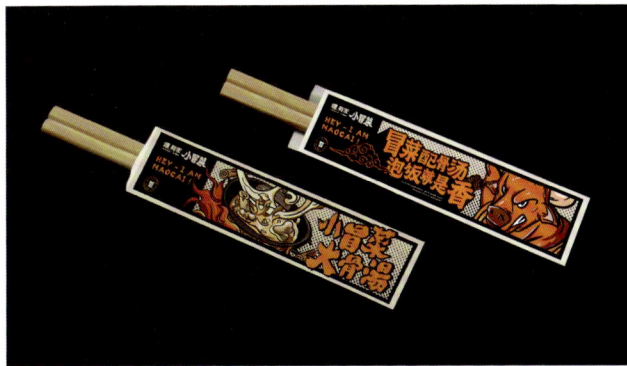

图6-2-32　竹筷包装设计

图6-2-33　盐皮蛋包装设计

图6-2-34　粽子包装设计

图6-2-35　牛栏山白酒包装设计

图6-2-36　火锅底料外包装设计

思考与练习

1.欣赏国内外经典包装设计作品，并分析它们不同的风格及表现形式。

2.设计1～2组以古典主义风格为主的食品包装设计作品，展示历史底蕴、文化内涵与审美表现。

3.设计1～4组以现代乡村振兴赋能为主的农产品，风格不限、技法不限，能很好地体现实用性和艺术性的高度统一。

参考文献

[1] 米尔曼. 平面设计法则[M]. 胡蓝云，译. 北京：中国青年出版社，2009.

[2] 葛鸿雁. 视觉传达设计原理[M]. 上海：上海交通大学出版社，2010.

[3] 王先清，张武志. 包装设计与结构[M]. 合肥：安徽美术出版社，2016.

[4] 刘杰，刘宏伟，什锦. 包装设计[M]. 沈阳：东北大学出版社，2019.

[5] 孔德扬，孔琰. 产品的包装与视觉设计[M]. 北京：中国轻工业出版社，2014.

[6] 王安霞. 包装设计与制作[M]. 北京：中国轻工业出版社，2013.

[7] 吴星辉. 广告设计[M]. 青岛：中国海洋大学出版社，2014.

[8] 马子敬，吴星辉. 书籍设计[M]. 青岛：中国海洋大学出版社，2014.

[9] 曾芸. 图形创意[M]. 合肥：安徽美术出版社，2017.

[10]宋春艳. 包装设计[M]. 石家庄：河北美术出版社，2016.

[11]朱书华，陈网. 设计思维方法与表达[M]. 合肥：安徽美术出版社，2017.

[12]席涛. 包装设计的绿色革命[M]. 上海：上海科学技术文献出版社，2002.

[13]胡英. 包装中图形设计要素的研究[J]. 包装工程，2008（3）：205-206，213.

[14]薛辉. 论色彩心理学对现代包装设计的影响[J]. 文学与艺术，2011（6）：1.

[15]韩锦平. 中国包装行业30年发展的历史回顾[J]. 包装学报，2009（1）：5-8.

[16]李平. 品牌商品包装设计的策略研究[J]. 品牌研究，2020（23）：49-50.